U0220833

中国航天基金会推荐航天科普读物

太空旅游

吴 季 著

Space Tourism

科学出版社

北京

内 容 简 介

本书从人类走出地球摇篮的高度全面阐述了太空旅游对人类发展的意义，介绍了目前的技术能力和各种可行的技术方案，分析了潜在的市场和系统成本，提出了风险化解的措施，探讨了旅游内容的设计，并对制定政府政策提出了建议，是一本全面覆盖理论、技术、经济和政策等方面关于太空旅游的论著，对我国太空旅游事业的发展具有奠基性质的重要作用。

本书可供从事空间科学与航天技术的相关人员、天文爱好者、对太空和未来充满兴趣的读者阅读，也可供政府决策管理者参考阅读。

图书在版编目（CIP）数据

太空旅游/吴季著.—北京：科学出版社，2021.4
ISBN 978-7-03-068428-8

Ⅰ.①太…　Ⅱ.①吴…　Ⅲ.①宇宙-旅游业发展-研究-中国
Ⅳ.①P159 ②F592.3

中国版本图书馆 CIP 数据核字（2021）第 049046 号

责任编辑：张　莉 / 责任校对：杨　赛
责任印制：李　彤 / 封面绘图：吴兆辰
封面设计：有道文化

科　学　出　版　社 出版
北京东黄城根北街 16 号
邮政编码：100717
http://www.sciencep.com
北京虎彩文化传播有限公司 印刷
科学出版社发行　各地新华书店经销
*

2021年4月第　一　版　开本：720×1000　1/16
2022年1月第二次印刷　印张：10
字数：108 000
定价：68.00元
（如有印装质量问题，我社负责调换）

序

人类自 1957 年发射第一颗人造卫星，以及 1961 年第一次成功实施载人航天以来，已经过去半个多世纪了。然而，如同本书作者所述，航天基本上一直属于以政府投资为主的工业领域，与电子、汽车、化工等领域不同，纯商业用途的航天应用领域还有待进一步开发。

本书作者曾任中国科学院国家空间科学中心主任，我们曾共同承担过很多国家任务，从"双星计划"、"嫦娥工程"到"空间科学先导专项"，应该说他是地地道道的"老航天"人。但是他在几年前离开领导岗位之后，就开始思考"新航天"，即以商业用途为主导的航天问题，并写了一本反映他对于"新航天"思考的科幻小说——《月球旅店》。本书是他继《月球旅店》之后又一本关于"新航天"思考的重要著作。

我的本行就是研究运载火箭技术，这是克服地球引力进入太空最基础的技术。前两年，我曾经领导一个小组对运载火箭技术的未来发展进行战略研究，我们判断，未来 10～30 年，地球空间和地月空间的运输系统会有比较大的发展。这个判断是基于对地月空间经济发展需求的分析，其中太空旅游就是一个非常重要的方面。因为太空旅游对成本和可靠性的综合要求非常高，会推动进入太空的成本不断下降，从而带动这个市场滚动式发展起来，使得需求量呈指数级增长，形成地月空间经济的大发展，我称之为"地月经济带"。在这个经济带中，除了科学探索、太空旅游的直接需求外，由它们带动起来的地外资源利用，即月球上燃料的就地提取，也必然会是其中一个最主要的部分，相应的还有燃料的空间加注技术等。在本书中，这些都给予了详细的论述和解释。

本书中另一个重要的观点是人类进入太阳系后对人类未来发展的重要意义。"地球是人类的摇篮，但是人类不会永远生活在摇篮里。"我们都同意这句哲学意义上的名言。但是，如何才能走出地球呢？由政府项目部署的国家航天员可以走出地球，登陆月球，甚至登陆火星，但他们仅仅是少数几个人，仅仅是人类的代表，不能等同于人类整体。如果让人类从整体上走出地球，就一定是成千上万的人走出地球摇篮，那当然就是太空旅游，甚至是太空移民。一旦这个局面出现了，还真说不准我们人类的观念会发生什么变化呢！作者在这方面的观点具有探索性，也为太空旅游赋予了更深层的意义。

本书从飞船起飞前，到进入轨道空间，再到奔向月球，在月球上生活，以及返回地球，都从游客的视角给予了详细的描述。对于从来没有任何航天知识的读者来说，本书是非常深入的科普读物；对于熟悉航天领域的读者来说，阅读本书也是一次扩大知识面的好机会。特别是，作者还从市场、成本、风险及其规避、政府政策等方面，对太空旅游进行了论述，因此本书也是太空旅游的投资人、企业家，以及政府管理者的必读之物。

目前，中国航天已经在世界上占有了一席之地，并在有些方面开始从"跟跑"进入了"领跑"。但是在商业航天领域，我们与世界上的技术先进国家还有一定的差距，可以说才刚刚起步。如果不积极思考，提前布局，奋力追赶，我们就将在太空旅游以及相关的经济发展方面再次处于落后局面。从这个角度上讲，本书也许就是引导大家进入这个领域的第一本导论。希望所有相关人员都能够看到这本书，并积极支持中国的太空旅游和新航天经济的发展，让中国人不仅仅思考中华民族伟大复兴问题，而且思考人类整体未来发展的问题。如果我们能够做到代表人类走出地球摇篮，中华民族伟大复兴也必将实现。

中国科学院院士
中国航天科技集团有限公司科技委主任
2021年2月

目　　录

第一章　引　　言

在开始讨论太空旅游之前，首先应该明确一个重要的事实，那就是太空旅游需要解决的最大问题是要克服地球表面的引力，使飞行器的速度达到第一宇宙速度（约为 7.9 千米/秒）。因此，商业性质的太空旅游能否成功，取决于人类能否合理和经济地使载人飞行器达到第一宇宙速度。只有这个问题得到了解决，人类才能可持续地往返于地球和太空之间，实现真正意义上的商业性质的旅游。因此，太空旅游不仅仅是一个技术问题，更是一个技术经济问题。

到太空中去，不可能像我们在地球表面上那样，想走到哪里就走到哪里。对史前人类而言，旅行就是靠两条腿。进入文明社会之后，旅行最多的是需要借助车和船，即使是现在，我们旅行常用的交通工具飞机，也只是加快了旅行的速度，我们并没有离开地球表面，仍然是在地球引力的束缚之下，在二维（2D）的地球表面上移动。而到太空中去旅行，需要附加上第三个维度，即向上离开地球表面。增加这个维度的代价，就是要克服地球的引力。根据牛顿力学的原理，做圆周运动的物体会获得一个与其运动速度的平方成正比的离心力，一旦这个背向地心的离心力与地球引力相等，我们就可以在轨道上持续飞行，这就是上面所说的第一宇宙速度。而一旦这个离心力大于地球引力，飞船就将提升轨道高度，逐渐达到第二宇宙速度（约为11.2千米/秒），并飞离地球。

环顾一下周围，我们很遗憾地发现，地球是太阳系中最不容易离开其表面的固体天体。如果将地球的引力加速度定义为$1g$，那么，金星的引力加速度仅次于地球，为$0.905g$；火星的为$0.379g$；水星的只有$0.378g$，都没有地球的大。再往外的几颗行星就都是气态行星了，没有固体表面。所有行星的卫星的引力加速度也都没有地球的大。因此，地球是太阳系中最不容易离开其表面并进入太空的固体天体。可见，太空旅游并不是一次想走就走的旅行，如何成功和高效地克服地球引力，达到第一宇宙速度，并使得一般游客可以负担得起旅行费用，就是一个首先需要克服的技术经济障碍，否则，太空旅游只能存在于科幻作品中。

也许有人会问，人类不是已经进入太空了吗？也有几名游客去过国际空间站了，美国在50年前也已经把人送到月球上了。因此，上述的技术问题不是已经解决了吗？是的，仅从技术层面而言，确实如此。从人类发射第一颗人造卫星开始，将飞行器加速到第一宇宙速度就已经不再是停留在纸面上的公式了。但是，如果我们把政府设立的各种项目，以及个别亿万富翁到访国际空间站就当作太空旅游的话，那就大错特错了。这是因为，政府项目往往是以政治目的来驱动的，因此可以不计成本地投入，直到成功为止，比如"阿波罗计划"。但是这样的计划都无法持续，因为一旦取得了成功，就没有必要再继续做下去了。这就是为什么在"阿波罗计划"之后，人类再也没有登上过月球。而几个亿万富翁到访国际空间站，并不能代表整个人类，人数那么少，也无法形成可持续发展的太空旅游经济。因此，也是不可持续的。我们这里讲的是可持续的，有普通人不断加入，哪怕只涉及中高收入群体的太空旅游经济。只有进入太空旅游的人数可以持续地增加，并使其滚动发展，才能使太空旅游经济真正地建立起来。要实现这一点，目前由政府计划发展起来的、脱离地球引力的技术方案就需要有新的发展，这就又回到了上面提出的最基本的技术经济问题。因为我们增加了可持续和滚动发展这个前提。

如果脱离经济可行性，从2001年第一位太空游客——美国商人丹尼斯·蒂托（Dennis Tito）进入国际空间站算起，太空旅游已经开始20年了。但是，我们并没有看到它的进一步发展，它还在原地踏步。2021年美国国家航空航天局（National Aeronautics and Space Administration，NASA）针对到访国际空间站的游客的收费增至5700万美元。这再次说明，几个可以承受高报价的用户，还不足以使得太空旅游实现可持续发展，我们必须在可持续发展的前提下讨论太空旅游，即普通人可以负担得起的太空旅游。这里说的普通人，一定不是身家数亿美元的富人，但也不必非得是一般的工薪阶层，可能是中高等收入群体里的高收入人群。比较切合实际的，应该是从数量上来定义。比如，如果每年有数千甚至上万的游客不断地进入太空，那么就可以说太空旅游的时代已经到来了。

关于太空旅游，另外需要明确的问题就是：目的到底是什么？真正的太空旅游的内容和体验到底是什么？截至目前，我们对太空旅游的认识仍然停留在那种飘浮在太空中微重力环境下的体验，认为到太空中去旅游，就是去体验太空中的微重力环境。其实不然，在本书中，我们会详细地讲述人类进入太空以后在观念和理念上发生的变化。这是因为我们的观念和理念离不开环境的影响。因此，当人类可以低成本地、大规模地来往于地球和太空之间时，人类的观念一定会受到这种环境变化的影响。不仅如此，太空旅游并不仅仅是在近地轨道的空间站上或太空旅馆中，还会是在飞往月球的飞船上，会是在月球上，甚至以后会是在太阳系任何行星及其卫星的天体表面。因此，微重力环境并不是太空旅游的标准环境。特别是，在太空中就地提取、生产和加注燃料的技术问题解决之后，长时间的行星际飞行可能会是持续加速的，这不但是为了缩短旅行的时间，还可以为游客提供一定的重力环境，更加方便游客生存和生活。可见，飘浮在空中的微重力环境，绝不是太空旅游的标配环境。或许在未来，微重力环境仅仅是短暂的过渡，而不是常态。

在上述这些新的切入点和思考下，本书将首先从回顾人类进入太空的历史开始，从技术经济学的角度讨论为什么太空技术能力长期被束缚在了政府项目之下，无法应用于商业性质的太空旅游。之后，我们将从太空旅游对人类观念甚至进化的角度，讨论太空旅游的终极目的和影响，提升公众对太空旅游的意义的认识。在后面的几章中，我们将分几个方面讨论太空旅游必需的重要基础设施和不同技术的经济可行性，以及太空旅游的市场和风险。最后是对旅游内容和体验的描述与设计，并对制定相关政府政策提出了一些建议。

　　本书面向的目标读者是广大公众，因此在技术讨论的章节中如果读者感到内容过于烦琐，完全可以跳过，先接受其结论即可。对于技术领域的读者，如果对更深入的技术内容感兴趣，可以查找有关参考文献进行延伸阅读，以获取更多的相关技术知识。

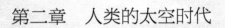

第二章　人类的太空时代

　　人类太空时代的标志，就是能够脱离地球的引力，进入围绕地球旋转的近地轨道空间。但是，这远远不是全部，还有走得更远的，到月球，到火星，甚至到更远的地方。我们现在所处的时代，应该仅仅是人类太空时代最初级的阶段。

一、太空时代的开启

　　人类进入太空的初步理论起源于苏联科学家康斯坦丁·齐奥尔科夫斯基（Konstantin Tsiolkovski）。他首先计算出了实现绕地飞行的第一宇宙速度和脱离地球进入太阳系的第二宇宙速度，并提出了多级火箭的技术方案。真正研制出可以进入太空的飞行器的是德国工程师冯·布劳恩（von Braun），他也是第二次世界大战时期纳粹德国 V2 导弹的设计者。1957 年 10 月，苏联在 V2 导弹发动机的基础上，研制出了可以发射人造卫星的运载火箭，并成功发射了人类第一颗人造卫星"斯普特尼克1号"（Sputnik-1），人类由此进入了太空时代。1961年4月，苏联又发射了第一艘载人宇宙飞船，将人类第一位宇航员尤里·阿列克谢耶维奇·加加林（Yuri Alekseyevich Gagarin）送入了空间轨道，虽然只绕行地球一周，但这是人类载人航天时代的开始。

从20世纪50年代末期到80年代末期，人类的航天活动伴随着冷战一直处于竞争状态中。苏联和美国两个超级大国，在航天这个战场上投入了巨大的人力、物力和财力，展开了激烈的竞争，也创造了在当时技术条件下几乎不可想象的奇迹，包括在第一颗人造卫星上天不到4年，就成功实现了第一次载人航天，不到12年的时间里就实现了载人登月，并在这期间发射了大量探测月球、金星和火星的探测器。这些航天活动，也推动了空间科学的大发展，包括空间物理、空间天文、对地观测、行星科学以及微重力与空间生命科学的发展。这些在太空竞赛激励下发展起来的技术还催生了很多之前没有的新的应用，比如全球卫星通信和大量的军用、民用卫星遥感应用，全球卫星导航系统的建设和应用等。

太空时代虽然起步于美国、苏联两个超级大国在冷战时期的竞争，但是它的连带作用是使得人类步入了太空时代。那么，太空时代的定义是什么呢？

首先，在太空时代，人类具备了脱离地球引力，使航天器加速到第一宇宙速度，进入轨道空间的技术能力。这个能力是基础，就像詹姆斯·瓦特（James Watt）改良了蒸汽机，使大规模机器生产成为可能，人类从农业社会进入工业社会一样。尽管由于地球引力很大，目前进入太空的成本还很高，但是其相关理论与技术已经取得了突破，剩下的就是如何降低成本和实现更加频繁的天地往返活动了。

其次，在太空时代，太空科技已经不再仅存在于科幻作品中，而是已经成为我们日常生活中不可分割的一部分。大到国家安全、通信导航、天气预报，小到很多生活细节，都直接或间接地与太空科技相关。

最后，在太空时代，人类的观念开始发生变化。进入太空之前，人类的活动范围都局限在地球表面，通过科学观测和研究，人类完全可以认识并理解地球是圆的、地球是太阳系八大行星之一、月球是地球的天然卫星等天文知识，所有这些都是理论研究的成果或是数学的推演，人类从来没有离开过地球表面，即使是飞机的飞行高度也仅仅不到20千米，与地球6371千米的半径相比，人类还基本上可以说停留在地球的表面。但是，自从人类进入太空，能够在地球轨道上持续飞行，还能够飞离地球去往月球，从那么远的距离回望地球，人类的观念就开始发生了变化，对人类自身、地球环境与人类文明的认识有了更深层次的思考。特别是2006年后，通过在轨道上的天文望远镜的观测，人类已经发现了数千颗太阳系以外的行星。人类开始意识到自身也许并不是宇宙中唯一的智慧生命，从而引发了关于如何与地外智慧生命交流的讨论。在人类进入太空后引发的一系列观念上的变化，包括在20世纪60年代以后出现的环境保护运动和70年代以后出现的可持续发展的大讨论，等等。然而，这些由太空传递给我们的非常重要的信息，最先触动的仅仅是极少数进入太空的宇航员，特别是24位"阿波罗计划"的宇航员，是他们将那些太空带给人类的信息传递给了我们。但人类并没有给予这些信息足够的重视，其中部分信息甚至被忽视了。我们期待在不远的未来，有更多的人能够进入太空，特别是普通人能够通过太空旅游进入太空，直接感受太空传递给人类的信息。这将是太空旅游的一个非常重要的目的。到那时，才可以说人类真正进入了太空时代，我们目前所处的时代，可以说仅仅是太空时代的起步阶段，是太空时代的开端。

二、太空时代的特征

由于人类进入太空的技术源自国防，因此航天工业不可避免地从一开始就带有强烈的国防工业色彩。一提到航天工业，就往往暗含着保密、军事应用的含义。即使不是美国和苏联这两个超级大国，其他几个具备空间发射能力的国家，其航天工业的特征也都具有同样的色彩。也正因为如此，人类在进入太空时代之后，就不可避免地使其航天工业体系和政府紧紧地绑在了一起。这主要体现在如下几个方面。

第一，绝大多数的航天任务都是政府项目，比如国防类任务、公益类任务、科学探索类任务等。在太空时代初期，即使是通信广播类的航天任务，也都是政府先资助研制和试验，进入实用阶段后再转为商用。

第二，各国主要航天企业都是国营、国资大型企业，甚至就是政府事业单位、研究所。这些单位的主要经费来源都是政府航天任务。

第三，任务通过政府安排，少有竞争机制，最多是在一两家大公司之间平衡，这个任务给了你，下一个任务就会给他。因此会出现价格垄断，导致成本居高不下。

正是由于这些性质，研制方都不约而同不计成本地将保证任务的成功放在了首要位置。这主要是由于经费来源于政府，也即纳税人，如果任务失败，几乎就是对人民的"犯罪"，久而久之，这个传统自然而然地被认为是航天任务公认的标准，即要做到"万无一失"。等到商业航天出现以后，这个传统在很大程度上被来自政府机构和企业的从业人员带到了新的商业航天领域。实际上，由于商业航天的经费来自用户，因此用户会根据需求提出不同的要求，特别是会提出在成本的约束下的新要求。太空旅游就是标准的商业航天市场。关于太空旅游对风险的承受能力和如何化解风险，后面会有专门的章节讨论。

缺少竞争机制，再加上"万无一失"的任务目标，使得政府任务的研制进入了一个怪圈，即高可靠性设计—大量地面试验—研制周期长—高成本—进一步增加了不能失败的压力—更严格的高可靠性设计，这样就又回到了起点，进入"恶性循环"的怪圈。可见，如果没有降低成本的商业目标的牵制，没有市场经济这只无形的手的调节，要想使惠及普通人的太空旅游成为现实是不可能的。这再次说明，太空旅游不仅仅是一个技术问题，更是一个典型的综合性的技术经济领域的问题。

三、太空旅游的前奏

尽管各国的空间活动都以政府航天预算为主，但是从 2001 年开始，国际空间站确实接待过 7 位自费的来访者，可以说是他们奏响了太空旅游的前奏。这些来访者的相关介绍分别如下。

丹尼斯·蒂托，美国商人，进入国际空间站的第一位私人来访者。他不太希望大家叫他旅游者，他认为自己和其他宇航员一样，只是自费而已，因此希望人们称其为自费太空探索者（private space explorer）或自费宇航员（private astronaut）。他事先在位于俄罗斯的加加林宇航员训练中心接受了相关训练，参加了微重力飞机、离心机和超音速飞机训练。2001 年 4 月 28 日，他乘坐"联盟 TM32"号飞船来到国际空间站，并在上面停留了 9 天。

马克·沙特尔沃思（Mark Shuttleworth），南非商人，第二位国际空间站的私人访客。他乘坐"联盟 TM34"号飞船于 2002 年 4 月 25 日升空，在国际空间站停留了 11 天。在这之前，他在加加林宇航员训练中心进行了 8 个月的专门训练，并做了全面、严格的身体检查。他称自己进入国际空间站的行为是对南非青少年进行教育和激励的良好素材。

格雷戈里·奥尔森（Gregory Olsen），美国商人，在加加林宇航员训练中心训练了 900 个小时后，于 2005 年 10 月 1 日乘坐"联盟 TMA7"号飞船升空，并在国际空间站停留了 11 天。在空间站上，他参与了欧洲空间局（European Space Agency，ESA）主持的航天医学实验，并与美国新泽西州和纽约州的学生进行了业余无线电通信联系。

阿努什·安萨里（Anousheh Ansari），伊朗裔美国商人，是"安萨里 X 奖"的出资人，也是截至 2021 年 1 月唯一的女性自费太空访客。她于 2006 年 9 月 18 日乘坐"联盟 TMA9"号飞船升空，在国际空间站停留了 12 天，参与了欧洲空间局主持的四项生命科学实验，包括减缓宇航员背部肌肉疼痛的实验。

查尔斯·西蒙尼（Charles Simonyi），匈牙利裔美国人，曾任微软公司首席架构师，是软件领域的天才工程师，于 2007 年 4 月 7 日和 2009 年 5 月 26 日两次登上国际空间站，分别停留了 15 天和 14 天，是迄今唯一两次进入太空并停留时间最长的自费访客。

理查德·加里奥特（Richard Garriott），美国、英国双国籍商人，其父是美国宇航员欧文·加里奥特（Owen Garriott）。理查德于 2008 年 10 月 12 日乘坐"联盟 TMA13"号飞船升空，在国际空间站停留了 12 天。他力图通过自己的行为推动商业航天的发展。

盖伊·拉利伯特（Guy Laliberte），加拿大商人，太阳马戏团的创始人，于 2009 年 9 月 30 日乘坐"联盟 TMA14"号飞船升空，在国际空间站停留了 12 天，是目前最后一位国际空间站的私人到访者。他将自己的这趟旅程称为"诗歌和社交之旅"。"诗歌和社交之旅"活动以"水之星地联动"（Moving Stars and Earth for Water）为主题，于格林尼治标准时间（GMT）2009年10月9日在全球14个城市同时举行。在历时120分钟的活动期间，拉利伯特在国际空间站主持活动，全球的艺术家和其他知名人士都可以仰望星空，参加各种活动。这些知名人士分别阐述了自己对珍惜水资源的承诺，并赞颂这一极其重要的天然资源。

从2001年开始，到访国际空间站的游客都由位于美国弗吉尼亚州的太空探险公司（Space Adventures，Ltd.）组织。起初的费用是每人每次2000万美元，包括6个月的训练费用和在国际空间站逗留约10天的费用。2020年由NASA给出的报价已经升至每人每次5500万美元。如果增加舱外行走，还需要再增加1500万美元，并增加8天行程和事前的额外训练。

这样的费用，显然不是普通游客可以负担得起的。因此，正如这些国际空间站的到访者所说，他们是自费宇航员，而不是游客。这些到访者所使用的进入、返回，以及停留在太空的设施，全部都是政府航天的资产，建造、维护这些设施的投入都是政府的航天任务，因此他们进入国际空间站不属于商业航天的行为，也没有利用商业航天的市场机制，其成本居高不下也就可以理解了。

可见，真正的太空旅游时代并没有到来。

第三章　来自太空的启示

　　人类在进入太空时代之前，对宇宙和自身已经有了初步的了解。特别是自艾萨克·牛顿（Isaac Newton）创立牛顿三大定律之后，至少科学界对地球、太阳系的认识已经接近实际的存在。在哲学层面，我们是谁？我们从哪里来？我们将到哪里去？这些一直是挥之不去的灵魂之问。在古代，中国道教的天人合一，也曾尝试从哲学层面对这些问题作出解答。

　　只有到了近代，随着环境的变化，特别是在人类开启了太空的大门之后，这些思考才真正触及人类自身，这源于生产生活环境的变化带来的影响，或者说是新的环境带给人类的信息。就像猿从树上下到地面并开始直立行走，以及人类开始驾驶航船从陆地驶向海洋一样，每一次环境的变化，都导致了人类观念的变化与社会的重大变革。在本章中，我们将讨论这些变化是如何发生的，以及它们给人类带来了哪些启示。

按触发变化发生的时间和事件，我们将太空带给人类的启示分为三次。

一、第一次启示

第一次启示来自人类刚刚进入太空的时候，从第一位进入太空的苏联宇航员加加林开始。在短短的1个多小时内，加加林的规定动作和任务安排得满满的，他几乎无暇透过舷窗欣赏窗外的地球美景。尽管如此，他还是发出了这样的感慨："在这里，我几乎什么都能看到，这太美了！"[①] 后来，宇航员的工作稍稍轻松之后，才得暇欣赏地球。比如中国航天员景海鹏在回到地球上接受采访时说："我慢慢移动到窗边看地球。陆地的棕黄，高山的奇峻，缎带似的江河，要多美有多美。那个时候不由思考宇宙的无际、个人的渺小和国家的伟大，作为一个中国人太自豪了。"[②] 我国首位女航天员刘洋在给孩子们讲课时说："地球真的是圆的。"为了更好地欣赏地球的景色，国际空间站上甚至建设了专门的360度的观景平台。2018年12月，美国女宇航员安妮·麦克莱恩（Anne McClain）在实施太空行走后发出了这样的感慨："我感觉我和地球密不可分，仿佛地球就是属于我的，不只是说我的家乡，我的城市，或是我熟悉的地方，而是整个地球。我觉得我是地球

[①]　BBC《仰望星空》（*Sky at Light*）杂志. 宇航员传奇. 郑征译. 北京：人民邮电出版社，2019：17.

[②]　证券时报. 中国航天员太空经典镜头回放：景海鹏太空摄影. https://finance.qq.com/a/20120617/000892.htm［2021-01-20］.

的所有者，同时也和地球的每一部分同根同源。你能真切地体会到与地球上每一个人的亲密感。你清晰地认识到，无论你遇到什么样的人，彼此的共同之处都多于不同之处……"[①]

当一名航天员脱离了大气层，来到被称作冯·卡门线的海拔100千米的高空之上，他就进入了太空。在这里，他可以看到漆黑无比的宇宙和镶嵌在那里的银河与繁星，可以看到具有明显曲率的地平线以及包裹着地球的薄薄的大气层，还可以看到脚下快速移动的成片的白云、蓝色的海洋、黄绿色相间的大陆，以及白色的冰川和南北两极。他可以体会到人类既伟大又渺小：伟大在于人类创造出的科技可以让人类这个智慧生物来到如此高的太空俯瞰大地；渺小则在于比起养育他的地球和大自然，从太空几乎看不到任何人类生存的痕迹，他们只不过是生活在那里的众多生物物种中的一种。他可以体会到人类就是一个整体，无论肤色如何，他们的共同之处都远远多于不同之处，大家是同一个物种。

在太空轨道上飞行，他还会产生一种发自内心的怜悯。当看到地球上方那一层薄薄的大气层时，他会感到她是多么脆弱，似乎可以轻易地被任何外力撕破甚至消失，从而地球上的生命就将暴露在危险之中甚至全部灭亡。从更深刻的哲学层面来讲，他也许会想到人生，生活在地球上的亲人、朋友，以及社区、城市乃至国家。这一切都深深

---

①　NASA爱好者. NASA宇航员Anne McClain讲述她的第一次太空行走时，对地球认识. https://k.sina.com.cn/article_2206258462_m8380d51e0330015uj.html?from=science［2021-01-20］.

地依赖如此显而易见的、脆弱的地球环境的抚育和滋养。白云、海洋、冰川，甚至沙漠，都是那样美丽，我们是生活在其中的孩子，不能容忍和接受对她的任何破坏，那将是对我们子孙后代的"犯罪"，是自取灭亡。带着这样的情怀，当航天员回到地球以后，他们就会变成环境保护的热心使者、国际合作的拥护者、世界和平与可持续发展的坚定支持者和行动者。

1961～1968年，这个来自太空的、不断加强的信息，逐渐引起了公众的注意，他们开始讨论如何从更远处看到地球的全景，并设想那将是什么样子的图像。一方面，远离地球的高轨卫星需要更大的发射能力；另一方面，由于那时并没有数字图像技术，唯一能够从卫星上传回的仅仅是分辨率不高的模拟图像，或者只能通过返回式卫星把胶片带回地球。这种状况直到"阿波罗8号"宇航员在1968年第一次飞离地球轨道来到月球轨道之后，才发生了根本的改变。

二、第二次启示

第二次启示发生在1968年底，"阿波罗8号"宇航员第一次来到了月球轨道。当时，他们并没有准备为地球拍照。发射前的所有训练和计划都围绕着观测月球进行，甚至在指挥长弗兰克·鲍曼（Frank Borman）无意间从舷窗中发现了地球正从月平线升起的景色，并让指令舱驾驶员比尔·安德斯（Bill Anders）拍照时，比尔的第一个反应是："不行，那不在我们计划的工作程序中。"当然，这并没有阻止他们最先从远离地球的地方接收到太空带给我们的启示，比尔·安德斯成为这张后来风靡全球的"地出"照片（图3-1）的拍摄者。

图3-1　"阿波罗8号"宇航员比尔·安德斯在1968年12月25日拍摄的"地出"

当你稍稍地远离地球，哪怕仅仅是来到地球同步轨道，或者是距离地球32万千米远的地月拉格朗日L1点，或者是到38万千米外的月球轨道或在月球表面上着陆，在回望地球的时候，你会发现，我们的地球家园就是一个星球，是一颗行星，她在漆黑的宇宙中孤独地旋转。被太阳照亮的一面极其美丽，发出蓝白色的光；处于黑夜的那一面因为雷雨闪电和城市灯光而不断闪烁。如果正处于太阳爆发期间，你或许还会看到两极上空美丽的极光。在那个距离，你无法分辨出任何国家的边界，听不到任何争吵，只能看到海洋和陆地，两极的冰雪和飘浮在海洋和大陆上的白云。当地球上少云的时候，地球看起来就是蓝色的，是非常美丽的一颗行星。

你一定会想，我们生活的地球，只不过就是太阳系中的一颗行星，她和火星、金星一样，只不过恰好处在一个合适的距离上，因此就有了合适的温度使得液态水可以稳定地保持在上面，使得她呈现出美丽的蓝白色。这既偶然也必然。偶然的是，地球上的温度恰好就适合液态水，从而有了一切生物乃至人类；必然的是，在这样的环境下，经过几十亿年的演化，高等动物甚至智慧生命总是会在其中诞生，而我们就是这个智慧生命。从已知的太阳系的构成来看，人类是太阳系中唯一的智慧生命。在地球这颗行星上的智慧生命，不应该再强调肤色的不同，我们只有一个名字，叫作"人类"。我们会使用工具和语言，我们创造了无限丰富多彩的文化和科技，我们有责任将其文化继续发展和延续下去，而不是自我毁灭。因此，我们人类的责任是如此重大。所有这些感悟，就是太空带给人类的第二次启示。简言之，人类有责任使其文明永续存在下去。

这次启示对人类的影响远远超过了第一次启示所带来的影响，或者说，获得这次启示后，人类才开始明白第一次启示中已经包含的各种信息的重要性。也就是说，当人类的活动范围开始从地球表面向太空延伸时，就像永远在平面上移动的蚂蚁，突然对周围的世界获得了三维（3D）的感知一样。

应该说从1966年开始，人类对从太空拍摄地球完整照片的呼声就很高，到1968年底"阿波罗8号"拍摄并带回了那张著名的"地出"照片，人类对地球和自身的认知才开始发生明显的变化。大量意识形态领域的论文与著作、文学作品、电影作品开始讨论人类本身的问题，那就是作为地球上唯一的智慧生命，如何才能确保其可持续地生存在这个地球上。到1972年罗马俱乐部发表《增长的极限：罗马俱乐部关于人类困境的报告》来说明地球环境资源的承载力时，这个讨论达到了高峰。应该说，这些讨论和观念的变化，就是太空时代的产物，是人类文明进化的一个里程碑。

第二次启示的一个延伸，就是在月夜期间从月面上观看地球。应该说"阿波罗计划"的6次登月都是在月日上午或下午完成的，这时的地球只有一半甚至少于一半被太阳照亮。之所以只能在月日上午或下午登月，一是由于能源的需求，必须有太阳；二是因为温度的限制，正午期间月面的温度将高达130℃甚至更高。但是如果我们可以解决能源问题，在月夜期间登月，将能够看到大半个地球被太阳照亮，甚至在月夜的中间那两天，可以看到整个地球都被太阳照亮，那时的景色一定是非凡的。尽管从同步轨道卫星或者从飞向深空的探测器上都能拍到地球被太阳完全照亮的照片，但是这和人类自己用肉眼看到这一景色有很大的区别。相信在那个场景中，太空一定能够传递给我们更多的信息。

三、第三次启示

第三个层次的觉醒伴随着第二次觉醒，并直接基于人类通过空间科学和技术获得的关于宇宙的最新知识与认识，特别是那些非载人的空间科学任务对太阳系和宇宙的观测带来的新知识。

当人类开始意识到自己无非就是太阳系以及宇宙中的一个智慧物种以后，就开始讨论太阳系乃至整个宇宙中是否存在其他的智慧生命。在太阳系中寻找智慧生命的过程始于对月球、金星和火星的探测，并止于对火星的探测。1976年"海盗号"在火星表面着陆，看到那里表面干涸，没有任何生物存在，人类在太阳系内寻找智慧生命的希望就破灭了。尽管相关讨论还在继续，但停留在科幻层面的讨论占据了主导地位。直到1995年，天文学家才在地面上利用视向多普勒法发现了第一颗系外行星，持有地外智慧生命一定存在观点的那一派才得到了科学观测的依据。

截至目前，通过地面上和发射到太空中的望远镜，特别是NASA于2006年发射的寻找系外行星的开普勒天文望远镜，我们已经发现并确认了超过4000颗系外行星，它们当中不乏具备生物宜居条件的行星。从这些发现推断，宇宙中几乎所有恒星的周围都会有行星围绕其旋转。那么，在这些数量超过万亿的恒星当中，我们完全无法否定它们上面必然有一部分会像地球一样孕育出智慧生命。因此，我们人类不再唯一，宇宙中一定会有其他智慧生命存在。这就是太空带给人类的第三次启示。关于地外智慧生命的存在和我们能否与其交流的讨论由此变得真实和迫在眉睫。

中国科幻作家刘慈欣的系列长篇科幻小说《三体》所反映的世界观，即受到了太空给人类带来的第三次启示的影响。以《三体》所反映的世界观为代表的观点是，不同文明之间是竞争的关系，因为能源的需求，他们将互相残杀甚至采用所谓的"降维打击"。这种思考也许非常有利于科幻故事的编写，有悬念，易于创造紧张的气氛和精彩的情节，也是把人类文明目前的发展水平平移到可能的地外文明体系中的表现。但事实也许并非如此。首先，关于能量，任何文明都不会将其使用到枯竭。更何况能量在宇宙中无处不在，不需要到另一个有智慧生命的恒星系上去掠夺，并将那里的文明毁灭。其次，就高度文明的生物而言，他们一定在逐渐走出自己的行星的同时，具备了文明永续发展的理念。如同获得了来自太空的第二次启示的人类一样，在他们走出行星的那一刻，会先认识到保护好自己的家园是最重要的，然后才是逐渐向往寻找新的文明，学习新的知识。因此，不同文明之间沟通的目的，最主要的应该是相互了解与合作，也就是发现和研究不同环境下演化形成的文明类型的不同，学习自身文明中不存在的好的东西，不断地充实自己的科技和文化知识，以达到自己能够更好地发展和存续的目的。只有当人类主动发现了非常适宜人类生存甚至比地球环境更宜居的行星，单向地进入那个生物圈，伴随的才是人类向其他星球的移民。但是这已经远远超出了太空给人类带来的第三次启示讨论的范畴。

四、人类集体记忆的缺失

人类在发展的过程中，会对自身经历的灾难形成集体记忆，比如对瘟疫、战争等的记忆。但是对观念的进化，除非引起进化的环境持续保持，否则将会退回到原位。人类对登月记忆的忘却就是一个很好的例子。

1999 年，美国政府为了推动重返月球计划曾经做过一次大范围的民意调查，结果发现有大约 10% 参加调查的人不相信"阿波罗计划"真的把人送上了月球，而更相信那是一个"阴谋"。显然，经过了三四十年，上一代人的体验和记忆在后一代人中已经逐渐消退。20 世纪 70～80 年代关于人类回望地球和大量可持续发展的讨论的高潮已经逐渐褪去，世界上大多数发达国家重归只顾自身、本族群、本国家的狭隘利益的争斗之中。特别是曾经引领过这种新思维和技术突破的美国，重新回到了极端民族主义和狭隘爱国主义中。这种变化正好反映了人类集体记忆的缺失。

这一现象的出现虽然令人唏嘘，但是也必须看到其背后的现实原因。那就是 50 年过去了，人类在"阿波罗计划"之后再也没有踏上过月球。当时带给人类启示的那些环境因素，已经不复存在了。那几位尚在人世的"阿波罗"宇航员也都是超过 80 岁高龄的老人了，尽管他们仍然在努力地奔忙呼吁，讲述他们的故事，但是其社会影响已经逐渐淡去。取而代之的是芯片、互联网、量子科技和人工智能的繁荣发展。人类的目光逐渐向内，而不是向外；逐渐向微观，模拟仿真和制造虚拟的幸福感，而不是向宏观的方向，比如进入太空和太阳系的方向发展。这里不得不提美国商业狂人埃隆·马斯克（Elon Musk）所做的努力，他正在努力把人类的目光重新拉回到宏观的方向上来。

但是，从一个智慧物种的演化来讲，从二维的生存空间走向三维，一定是必然的趋势。就像猿从树上下到地面开始直立行走变为人，并逐渐迁移至所有大陆；从大陆再进入海洋，开始了大航海，或称大发现时代，并将市场推向全球；之后又从地面飞向天空，使人类移动的速度更快，创造了新的世界格局。这些生存空间的变化给人类带来的影响是巨大的。然而到目前为止，人类基本上还是在地球表面这个二维的球面（包括航空飞行和轨道空间站）上活动，并没有真正地进入太阳系。我们所经历过的"阿波罗计划"，也许仅仅是在人类进化历史长河中出现大的演化前的一个短脉冲。实质性的变化一定要伴随着几万人、几十万人甚至几百万人不断地、可持续地进入太空并返回地球，到访月球，甚至访问更远的天体（如火星）才会发生。而那是什么呢？显然，那就是太空旅游。

五、太空旅游对人类进化的意义

人类的每一次进化，都伴随着对环境变化的适应和知识的增加。从树上下到地面是人类向猿说再见的开始，从地面走向太空，将是人类这个物种最为显著的一次迁移，必将给人类的进化带来无法估量的影响。

　　然而，我们到目前尚未在太阳系内寻找到比地球更适于人类生存的地方，目前科技也不足以将一个不适宜生存的天体改造成为一个比地球更适宜人类生存的所在。而向一个完全无法和地球环境相比的天体移民，并再次将自己束缚在一个星球的平面上，也必然不是我们这个物种脱离了地球表面向三维太空进化的目的和趋势。因此，向火星的移民不但从技术上来讲不是我们进化的方向，就是从方向上来讲也不是我们进化的目标。太空旅游则不同，从技术上来讲，相关的技术已经基本实现；从进化的方向上来讲，它代表着人类离开地球表面进入太阳系的趋势。至于说离开地球后走向哪里，这将是太空旅游之后的重大课题。也许是在不断地到访月球之后，到访太阳系的其他各个星球，比如在土卫六上近距离地观看美丽的土星光环，也许是建设可以让人类不断来往于位于地月之间拉格朗日点处的轨道太空旅游城。总之，人类不会将自己再次束缚在一个平面上，而是不断地来往于太阳系中的各个星球之间。因此，即使有所谓在地球以外天体上的定居，也不会存在很多人在地球以外某地出生后，一辈子甚至几代人都没有离开过那里的情况。

　　可见，太空旅游作为人类进化过程中一个必须经过的阶段，必将给人类带来观念上的变化。因此，我们不能把太空旅游仅仅看作一个技术经济问题，它更像是一个人类未来发展的问题。因为这些观念的变化，会更好地作用于在地球上生存的人类本身，让他们意识到自己生存的家园是太阳系中唯一的、仅靠其原始环境就适合我们生存的一颗行星，她是那样美丽。当离开她在太阳系内旅行时，你一定会把那里称作"家园"，也一定不希望"家"里面充满了争斗和对环境的破坏。这种观念、思想层面的变化，甚至是未来人类进化的开端，将是太空旅游最吸引人的、意义深远的地方。就像是当你去过了北极或南极，或者是去过了中国西藏，你的心灵会受到净化，情操会得到陶冶一样，当你去过了太空，并在那里回望自己的家园，对于目前只能在地球表面上移动的你，可以想象到在精神层面将经历什么吗？

六、载人空间探索与太空旅游

载人空间探索在"阿波罗计划"之后停滞了 50 年，但近期出现了恢复的迹象。美国政府于 2019 年正式启动了"阿尔忒弥斯计划"，拟将一名男宇航员和一名女宇航员于 2024 年送往月球。但是在美国政府更迭的情况下，对于该计划能否按时实施，公众是持怀疑态度的。公众普遍认为该计划仅仅会推迟，但是不会被取消。因此，人类再次登月的时间可能是在 2025～2028 年。

政府资助的载人空间探索任务和太空旅游是什么关系呢？正如前面所述，政府计划可以发挥集中力量办大事的优势，但是不具备可持续性。当政治需求的迫切性高于经济投入的成本代价时，计划就会获得通过并实施。太空旅游则是可以自我滚动发展的可持续性商业计划，它会沿着自己的路径，依照市场的需求发展。但是，两者之间存在必然的联系。

第一，政府的载人探索计划的科学发现，可以为商业计划提供大量科学知识和环境知识，为商业性质的太空旅游奠定基础，减少风险。

第二，政府计划在停滞期间，相关技术会向商业性质的太空旅游转移，减少商业计划研发的成本，提高商业计划的可行性和安全性。

第三，如果商业计划走在政府计划前面，政府可以成为商业计划低成本运输、燃料提取与加注、太空旅馆、月球旅店的用户。这种稳定的用户，可以进一步促进商业计划的发展，同时降低政府计划的研发成本。

可见，两者之间是相互支持的，无论哪一方走在了前面，都会对另一方提供方便和支撑。

第四章　新　航　天

现代航天发端于第二次世界大战期间，在战后冷战时期得到了大发展，到 21 世纪初，已经成为千亿美元产值的重要工业领域。自 21 世纪初以来，一股新的力量开始兴起，成为改变航天工业发展的重要力量，被称为"新航天"（new space）。因为有了新航天的说法，在此之前以政府投资为主的航天工业就被赋予了一个对应的称呼"老航天"（old space）。本章我们具体讨论一下什么是老航天，什么是新航天，以及太空旅游在其中的位置。

一、老航天

老航天就是为了完成政府的航天任务所积累和养成的一系列系统工程理念与方法，除了技术以外，还包括相关计划进度、经费成本和质量管理理念。这些理念的养成和产生，在很大程度上与确保政治目标的完成有关。比如 20 世纪 60 年代中期周恩来总理对国家重大国防任务提出了十六字方针——严肃认真、周到细致、稳妥可靠、万无一失，这个方针一直贯彻至今，成为政府航天机构和企业的指导思想。

此外，得益于世界著名系统工程专家钱学森先生，中国航天还在自力更生的基础上，探索和发展出了一套行之有效的系统工程理念。第一，在机构配置上一定要建立专门负责顶层设计和抓总研制的总体机构，通常称为总体部。第二，按任务中的功能将一个任务分为几大系统，通常分为运载系统、卫星（探测器）系统、测控系统、发射场系统和应用系统。每个系统下再根据功能设立分系统，分系统下设子系统、子子系统等。

在研制管理方面，中国航天学习了苏联航天工程的管理模式，通常设立行政和技术两条线，分别称为指挥线和技术线。指挥线上的负责人自上而下为工程总指挥、系统总指挥、分系统指挥；技术线上的负责人自上而下为工程总设计师、系统总设计师、分系统设计师和子系统（或单机）设计师。行政管理线负责人员任命、计划进度和质量管理；技术管理线负责设计和研制中出现的技术问题处理。

在研制计划方面，分为三个主要阶段：设计阶段，也叫模样研制阶段；试验验证阶段，也叫初样研制阶段；生产阶段，也叫正样研制阶段。之后还有发射场测试和发射、在轨测试和交付等。

在经费管理方面，从开始时的不计成本，到目前实施的全成本核算，实际上已经形成了成本主要是为质量和性能作保证的理念。因此，成本居高不下也是合情合理的，符合政治任务的要求。

在质量管理方面，实行质量问题双归零制度，即任何技术问题除了技术归零以外，还要同时做管理归零，杜绝下次犯同样错误的隐患。技术归零的 5 条标准是：定位准确、机理清楚、问题复现、措施有效和举一反三。管理归零的 5 条标准是：过程清楚、责任明确、措施落实、严肃处理、完善规章。此外，如果出现技术状态的更改，还要执行更改的 5 条标准：理由充分、论证清楚、各方认可、签署完备、更改到位。

为了确保万无一失，中国航天人还总结出了其他一些质量管理经验，比如特别针对新技术、新材料、新工艺、新状态、新环境、新单位、新岗位、新人员、新设备可能带来的风险，设立了"九新"风险管理等。这里隐约可知"新"不是"好"的东西，为了确保力无一失，能避免的"新"都要尽量避免。

总之，老航天养成的一系列设计和管理措施对确保任务的万无一失是非常有效的，确保中国航天 60 多年来取得了辉煌的成就。但是与此同时，航天工业体系也背上了沉重的包袱，导致研制和产品成本居高不下。

二、新航天

20 世纪 70 年代，卫星通信开始向民用商业市场转移，成为以市场需求为主立项的航天任务，首次打破了所有航天任务都是政府投资的单一用户局面。但是通信卫星的研制，仍然由长期承担政府航天任务的机构或企业来承担。

20世纪80年代，英国萨里大学的一位教授开始探索自己研制低成本的小卫星。他从商业货架元器件中筛选器件，并在卫星上搭载试验，成功地研制出了低成本、重量低于100千克的小卫星，之后又将其发展为10千克以下的更小型卫星。从卫星研制的角度讲，这一举动打破了高质量只能用高成本获得的固有观念。

20世纪90年代，美国哈佛大学的一位教授提出了立方星的概念，也就是将一颗完整的卫星做在一个10厘米×10厘米×10厘米的立方体里面，由此推动了立方星的标准化和更进一步的低成本化，带动了一大批企业开始进入低成本卫星的研制领域。

21世纪初，埃隆·马斯克开始进入运载火箭的研制领域，研制出了可重复使用的商业运载火箭，极大地推动了商业航天应用的发展。新航天的概念由此深入人心。

新航天就是针对商业性质的用户发展起来的以实现用户需求为第一准则的一系列系统工程理念与方法，包括研制流程再造，同时考虑低成本和质量，以及使用寿命的总体管理等新的原则。这些新的理念和管理方式，与老航天形成了鲜明的对比，下面展开来一一介绍。

首先，新航天的任务不是来自政府，而是来自市场的需求。这个需求不是永久不变的，而是随着经济和社会的发展，以及人民物质生活水平的变化而不断变化。因此，新航天需要不断地对市场做出判断，紧跟市场的需求。此外，新航天处于市场经济的竞争之中，所以谁能对市场做出正确的判断，对需求做出前瞻性的判断，谁就能获得最多的市场份额。

其次，借助已有的技术基础，新航天自己的任务不需要再建设完整的五大系统分工，避免了重复建设，节约了成本。但新航天更加注重对每一个特定任务的工作分解，分解得越清晰，越容易实施系统工程管理。

在研制管理方面，新航天无须配置行政管理线和技术管理线，通常采用项目经理模式，两条线由一人负责。特别是，新航天倾向打破多层级的人员管理，采取扁平化的人员管理模式，给予基层的设计师更大的权利和责任，并给予其技术经济性的设计职责。将技术设计和经济成本一同考虑进设计之中。

在计划管理方面，将一个任务分解为以下 6 个阶段：①概念阶段，包括但不限于市场需求分析、任务需要解决的问题分析、解决方案论证、新技术的采用、新知识盲点的确认等；②研发阶段，包括任务工作分解、成本构成分析、参研单位分工、涉及的新知识确认、装联与集成、试验验证；③生产建造阶段，包括发射和测试；④使用阶段；⑤技术支持阶段；⑥任务终止阶段。这里与老航天最不相同的是大胆采用新知识和新技术，目的是降低成本和提高性能，但是对于采用新知识和新技术带来的风险，新航天化解的办法往往是通过大量的试验、试错，力争在研发阶段暴露和发现所有问题，并予以解决。

总之，新航天的特点是需求导向，重视成本，打破陈规，不重形式，减少层级，总体为心，鼓励创新，大胆试错，缩短流程，以达到面向用户的综合性能和性价比的最优化。

三、太空旅游就是新航天

那么，我们这里讨论的太空旅游和新航天是什么关系呢？

从任务来源来看，太空旅游不是政府任务，政府也不会直接投入，因此是商业性质的，依靠旅游者需求的增长而发展，是新航天需求。因此，太空旅游是新航天确定无疑。

从成本控制方面来看，太空旅游不遗余力地寻求重复使用，降低成本，力争将进入太空并安全返回的成本降至普通游客可以接受的水平。因此，太空旅游是新航天。

从任务风险承担的能力来看，太空旅游并不是单纯追求万无一失，而是追求在成本可控条件下的最大安全性，并通过市场机制，比如购买保险，抵消和化解失败的风险。这与商业航空业初始阶段面临的情况差不多，虽然有不少飞机失事，但是航空业仍然在失败中不断地发展。

因此，太空旅游的从业者必须对自己所从事的行业有一个清醒的认识，因为它是新航天，就不应将老航天的那一套管理方式照搬到太空旅游中来。要用新航天的理念发展太空旅游，只有这样，才能保证其符合用户需求和市场规律，从而实现可持续发展。这也是"阿波罗计划"之后50年人类没有再次登上月球给我们带来的思考。

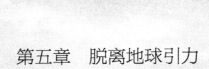

第五章　脱离地球引力

　　前面说过，微重力环境并不是太空旅游的特征，它只是进入轨道飞行后由于离心力和向心力（地球引力）平衡后的一种人造环境。但是，如果想离开地球引力进入太空旅游，还是首先要经历这个环境，要么停留在近地轨道的微重力环境中再返回，要么加速奔向更远的目的地。因此，体验近地轨道上的微重力环境，就成为太空旅游的第一个旅游项目。

　　然而，如果把持续飘浮在微重力环境中，甚至仅仅短暂飘浮在空中作为太空旅游的体验，在地面上也可以采用各种手段，不同程度地达到这个效果。因此，在介绍脱离地球引力的各种技术之前，我们首先介绍几种模拟微重力或弱重力环境的方法，再讨论其他脱离地球引力束缚的技术方案。

一、地面模拟装置

如果我们把进入地球轨道、能够持续飞行作为是真正的太空旅游的第一个项目，那么在实现这个真正意义上的太空旅游之前，仍然有一些方法可以吸引部分游客，或作为太空旅游之前的地面训练项目。那就是地面上的微重力模拟设施和高空坠落体验，如微重力飞机、高空跳伞。

实际上，要想在地面上持续地克服地球引力模拟微重力环境是非常困难的。但是如果我们容许一下"作假"，只在某些方面有一点儿像太空中的微重力环境，就可以考虑如下几种方式：风洞飘浮、水池漂浮、磁场悬浮、钢丝吊舱。下面分别对它们进行原理性的解释。

1. 风洞飘浮

这种模拟方式已经相当普及，在很多大型游乐园甚至购物中心里都可以看到风洞飘浮设施。如图 5-1 所示，风洞形成自下向上的强大气流，将参加体验的游客吹起来飘在空中。参加体验的人虽然飘浮在空中，但是能够感受到强大的气流，因此完全不能和在轨道空间站上的飘浮相比。但对站在风洞边上观看的人来说，的确能够看到风洞中的人真的悬浮了起来。因此可以说，与其说是体验者在体验太空悬浮，不如说是旁观者在观看太空悬浮现象。

图 5-1　风洞飘浮

2. 水池漂浮

　　根据阿基米德原理，任何液体对物体的浮力等于物体进入液体中所排出的同等体积的液体的重量。因此，如果一名体验者想在水中获得与他体重及服装的重量相当的浮力，能够漂浮在水中，并且不上也不下，就需要在潜水服上再配上相应的配重。因为人本身穿上可以在水中用的模拟航天服，再进入水池中所排出的水的重量要大于"人+模拟航天服"的重量，所以在体验前，需要对体验者进行称重，并配好相应的配重，再允许其进入水池。观察者可以通过水池边的玻璃窗观看体验者的情况。对于体验者来说，这个环境与太空中的微重力环境比较接近，尽管配重不能完全配平到手臂和躯干上，会使得手臂仍然有上浮或下沉的感觉，但是整个身体获得的体验还是比较接近于在太空中的体验。因此，这种方法也广泛应用于航天员在地面上的训练。因为航天员需要穿上模拟舱外航天服，包括手套等，这就使得航天员在地面上也能获得一种十分接近在太空中的空间站外活动的模拟环境。航天员在水池中的训练情况见图5-2。

图5-2　中国航天员正在准备下水进行水池飘浮训练

3. 磁场悬浮

利用磁场进行悬浮，不存在原理上的问题。比较直接和简单的做法是在体验者头顶设置一个较大面积（取决于资金投入）的磁场，体验者身穿具有铁磁物质的模拟航天服，就可以获得一定程度上的抵消地球引力的浮力。根据模拟的引力的大小，比如模拟月球上的1/6地球引力、模拟火星上的1/3地球引力等，模拟航天服上的铁磁性质的材料的配置根据体验者的体重也需要调整。但是由于手臂和躯干的重量无法分开测量，因此对手臂上的配平不可能做到完全理想，与水池漂浮试验一样，体验者会感到手臂受到的引力和身体体验到的引力有差别。图 5-3 是磁场悬浮体验的原理图。这种模拟装置的缺点是，体验者需要在强磁场中停留一段时间。从目前的科学认识来看，在较强的静磁场中短暂地停留，并未发现会对人体产生什么不利的影响。尽管如此，如果体验者佩戴了任何对强磁场敏感的设备，如心脏起搏器或其身体内植入了金属物质，都不应该参与这类体验。

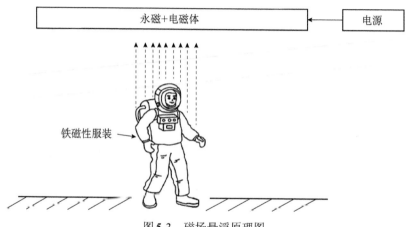

图 5-3　磁场悬浮原理图

4. 钢丝吊舱

在地面上模拟零重力环境非常难，但模拟弱重力环境还是比较容易的。比如我们在乘坐电梯时，当电梯加速下降时，我们就处在一种弱重力的状态下。因此，这也就成为一种常用的模拟月球表面重力（1/6 地球重力）和火星表面重力（1/3 地球重力）的方式。

图 5-4 为中国地外天体综合着陆试验场的照片。着陆器由牵引钢丝吊在空中，然后根据需要模拟的重力加速度下降，着陆器反推火箭

启动后，钢丝牵引力也会随之变动，实时模拟其所受到的重力加速度，观察其在接触到地面的那一刹那着陆装置的受力情况。

图 5-4　中国地外天体综合着陆试验场

利用这个装置，令吊舱从最高点按某一加速度下降，就可以获得持续的弱重力环境。根据装置的高度，这个持续的弱重力环境可能只有几秒到十几秒的时间。当吊舱到达地面后，需要再次升起吊舱，才能重复进行试验。因此，这种模拟装置的缺点是建造成本高、模拟时间短。其优点也是十分明显的，那就是需要模拟的弱重力加速度可以调整、对月球和火星都适用、可以重复实施。

目前，我国只有中国航天科技集团有限公司建设的服务于国家任务的钢丝吊舱试验场。实际上这种设施也可以在大型游乐场所建设，既可用于旅游，也可用于科学实验。

二、高空跳伞和微重力飞机

　　如果不在地面上，可以采用蹦极、跳伞和搭乘微重力飞机的方式，从一定的高度自由落体，体验重力环境的变化。蹦极体验项目可以获得数秒的零重力环境，但是同跳伞一样，体验者必须经受向下跳的心理压力，而这个心理压力在太空旅游过程中是没有的。与蹦极相比，跳伞前经受的这个心理考验更大，因为飞机的高度要比蹦极的平台高度高得多，尽管有教练陪同体验者一起跳下，但是这两种体验都会遇到如地面风洞一样的问题，就是风阻很大，体验者不能获得自由飘浮在空中的体验。相比之下，微重力飞机中的零重力体验更像是太空体验。其原理如图5-5所示，飞机沿着抛物线的航道飞行，当飞机进入该航道并将发动机动力停止时，飞机就进入了失速状态并继续按照抛出物体的自由落体曲线飞行，这时在机舱内的乘客完全看不到飞机外的情况，仅仅是感觉到重力一下子没有了，与在太空中的体验非常接近。自己身边的参照物，除机舱的倾斜度有一些变化外，并没有明显的变化，也感觉不到飞机正处在自由落体的过程之中。这时一切原来放在机舱里的物体都会和自己一起飘浮起来。根据飞机的飞行高度，这个过程可以持续20～30秒，当飞机下降到一定高度，必须再次进入动力飞行并拉升时，机舱内的体验者就会感受到重力恢复了，并且开始大大高于地面，达到超重力。这样的过程可以重复几次甚至十几次，直到该次飞行体验结束。由于实验者无须穿上模拟航天服，加之环境体验与轨道上的空间站内的环境并无明显区别，所以搭乘微重力飞机也是航天员最常用的训练方法。当然相比跳伞和蹦极，搭乘微重力飞机的费用要高出许多。

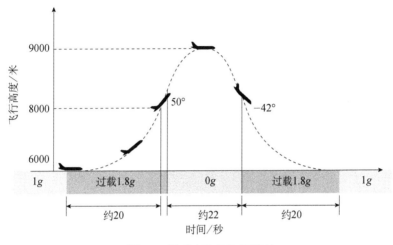

图 5-5　微重力飞机飞行原理

三、临近空间飞行

在获得第一宇宙速度之前，飞行器仍然可以达到很高的高度，比如超过 50 千米，甚至 90 千米，到达大气层很稀薄的区域，或越过冯·卡门线（100 千米），并在此高度停留一段时间。之后由于地球引力和大气的阻力，速度下降，并逐渐降低高度，回到地面，这个过程称为临近空间飞行。将游客送到临近空间飞行就是临近空间太空旅游，尽管实际上没有达到第一宇宙速度，并持续地停留在近地轨道上，也可以作为太空旅游。当飞行器达到 50 千米以上的高度时，大气密度将下降到1%以下，随着高度的进一步升高，蓝天将逐渐变为黑色，游客将看到具有一定曲率的地球表面和薄薄的大气层。但是为了获得如此高的速度，并飞行到这个高度，对飞行器的动力要求将远远高于一般的大型飞机，且发动机的工作原理也将大大不同。在大气层内，发动机主要依靠对进入发动机的空气进行加速，获得动力。而在进入平流层（高度大于 20 千米）后，空气动力的发动机将无法继续工作，取而代之的是冲压发动机或者是液体燃料的火箭发动机。

在这个高度，相比其他形式的发动机，比如燃烧燃油获得空气动力的发动机，利用喷出物质的反作用力的火箭发动机是效率最高的。但是如果只靠火箭发动机，往往无法解决再入大气层后的飞行问题。因此，临近空间飞行器的动力，往往是两者的结合。

另一个需要考虑的方面是在大气层里飞行，可以获得与速度的平方成正比的升力，因此飞机都有机翼。而在太空中，由于没有空气，无法通过速度获得升力，这也就是空间站和卫星都没有机翼的原因，看上去像机翼的东西实际上是太阳能电池板。因为有一点儿像机翼，太阳能电池板有时也被戏称为"太阳翼"。在临近空间中的情况与上面两种情况都不同，处于上述两者之间。在几十千米高的地方，虽然空气已经变得很稀薄，但是如果飞行器的速度很快，仍然可以获得一定的升力。因此我们常常看到，飞行于大气层和太空之间的临近空间飞行器，都具有一对很小的机翼，或者是可以变形的机翼，在低空和速度较慢时，将机翼展开到最大；当高度升高、大气密度下降、速度加大时，将机翼收起或变小。

为了克服大气在不同高度的变化带来的影响，综合利用速度、升力等飞行要素，一种混合式的飞行方案便应运而生了。美国维珍银河公司（Virgin Galactic）设计的临近空间载人飞船分为两部分，第一部分称为载机，它仅用于将载人飞船带到1万～2万米的高度，载人飞船在这个高度再从载机上起飞。具有较大机翼的载机，在送走了载人飞船后，再自行飞回地面。而具有较小机翼的载人飞船利用火箭发动机继续加速，达到更高的临近空间后，滑翔一段时间，然后利用小机翼再滑翔飞回地面着陆。这种两阶段的方式，被认为是临近空间太空旅游最经济的方式。两个飞行器都可以做到重复使用。但遗憾的是，目前这种方式还无法达到第一宇宙速度，无法实现真正的太空旅游。

美国维珍银河公司采用这种方式开展临近空间的太空旅游，第一批游客的飞行日期屡屡推迟，2021年底也很难兑现。单人票价报价25万美元，这个价格已经可以达到中高等收入群体里的高收入人群能够接受的程度，具有可持续发展的条件。唯一遗憾的是，其微重力时间只能维持几分钟，在太空中飞行的时间太短，使得旅程的大部分时间是在起飞和返航途中。关于临近空间和近地轨道的太空旅游与月球旅游的其他区别，在后面的章节中还会详细讨论。

四、进入近地轨道

1. 垂直起飞

从人类航天科学的创始人齐奥尔科夫斯基开始，采用多级液体火箭垂直起飞、脱离地球引力的技术方案，就被认为是最佳方案。

首先，液体燃料的能量密度比最高，可以使发动机获得最大的比冲。也就是说，燃烧单位重量液体燃料所产生的动力，要高于固体燃料。

其次，多级火箭可以在飞行过程中抛掉已经放空了燃料的火箭筒与发动机，减轻飞行重量，提高效率。

最后，大气层对运动物体的阻力伴随着速度的增加而呈指数级增加。因此，采用垂直起飞可以在低速时尽快脱离大气层，待火箭速度提高后，已经来到大气稀薄的高空，空气阻力明显减小了。

从罗伯特·哥达德（Robert H. Goddard）的第一枚液体探空火箭到冯·布劳恩的V2火箭，人类航天历史就是沿着这条路走过来的。尽管燃料的化学成分不断改进，火箭结构的重量不断减轻，被送入太空的有效载荷越来越大，但脱离地球引力的基本方式没有发生根本的改变。

为了降低成本，也曾发生过几次革命性的变革。

首先是关于发动机数量的两次变革。除了多级火箭发动机的数量是随级数的增加而增加以外，为了适应不同的载荷需求，逐渐衍生出捆绑辅助发动机的方式。因此，一发芯一级火箭的4个发动机，再加上4个捆绑发动机，使得起飞阶段最多时就用了8个发动机。相比火箭箭筒和结构，发动机的成本最高。因此，为了降低成本，开始从多发动机向单个大推力发动机演变。而对不同的载荷，则采取组合发射、搭载发射等方式，尽可能地利用好单个大推力发动机的所有余量。这就是从"阿丽亚娜4号"火箭到"阿丽亚娜5号"火箭的演变，使得每千克的发射费用从5万美元下降到约2万美元。第二次变革是美国太空探索（SpaceX）公司做出的。他们首先在降低单个小推力发动机的成本方面下功夫，并大批量生产进一步降低成本。然后采用多个低成本小推力发动机的组合，甚至使芯一级火箭的发动机数量就达到9个（8个+1个，其中有1个备份）。尽管发动机的数量很多，但是由于批量生产降低了成本，他们仍很好地控制了总成本，使得每千克的发射成本降至1万美元以下。

其次是关于芯一级火箭的回收和复用。Space X公司从2008年开始探索芯一级火箭的回收问题。得益于高速计算机和人工智能技术的发展，回收中遇到的很多不确定的随机气象问题，都可以通过实时的高速计算和人工智能解决。目前芯一级火箭的回收和复用率已经达到了实用的程度，使得发射成本进一步降低。截至2021年3月，SpaceX公司的"猎鹰9号"火箭的复用次数已经达到6次，使得发射成本由每千克1万美元降低到了5000美元以下。

2. 水平起飞

如前所说，美国维珍银河公司在临近空间旅游中采用的"太空飞船2号"（Spaceship 2）就是这种起飞方式。载机搭载着太空飞船如同飞机在跑道上起飞一样，利用空气升力，在大气层内可以达到一定的高度。非载人的水平起飞空射方案也有很多，最大的空射火箭重量已经可以达到20吨。但由于载机的最高速度只能达到传统火箭发射方案中一级火箭速度的1/10，无法替代一级火箭，因此空射的火箭重量仍然会很重。20吨的空射起飞重量也不足以将载人飞船加速到第一宇宙速度。因此，美国维珍银河公司的"太空飞船2号"也只能是在临近空间太空旅游。

3. 倾斜起飞

另一个诱人的方案是利用磁悬浮轨道减少摩擦，在移动的发射平台上捆绑火箭发动机增加动力，将移动发射平台上的太空飞船载运到海拔5000米的高山上再起飞。此时的初始速度可达约1/2的一级火箭速度，脱离平台起飞后的火箭只需一个较小的一级火箭就能将飞船加速到第一宇宙速度，这个较小的一级火箭仍然可以实现回收。这样就既能保证所有发射部分都可以重复使用，又能使运载能力比水平起飞大大提升，满足载人太空旅游的需求。特别是，磁悬浮轨道发射平台与平台上的助推火箭并没有离开地面上的轨道，无须复杂的回收程序，就可以做到重复使用。该方案的优点是重复使用率高；缺点是基础建设的一次性投入成本高，轨道倾角不能随意改变，只能用于大批量的重复发射，比如每天多次的、重复性的太空旅游飞船的发射，以及可以反复使用的太阳同步轨道发射等。

上述三种脱离地球引力的方式中，垂直起飞的技术最为成熟，目前成本还在继续下降，最有可能成为满足可持续发展的太空旅游需求的起飞方式。但是，这里还没有考虑如何返回大气层的问题与相关成本，留待后面讨论。

水平起飞方式，兼顾了发射成本和返回成本。如果单独讨论发射阶段，该方案的主要困境是目前还没有突破发射能力问题，即载荷重量或入轨速度问题，两者基本上是一个问题。但是一旦这个技术难题取得突破，该方案的优势就是具备发射和回收一体的能力。因此，其整体成本将大大降低。目前的技术突破点在于兼顾高密度大气和低密度大气的航空–航天混合发动机——对转冲压发动机。

倾斜起飞方式目前仍停留于纸面上，处于设计和论证阶段，还需要有经费的支持，以尽快进入试验线路的建设阶段。太空旅游并不是政府的工作，因此需要通过商业融资，获得足够的建设资金。

还有一种更依赖基础设施及其相关技术的起飞方式，就是科幻作品中经常出现、实际理论上也可行的太空电梯起飞方式。但其距离现实能够实现还比较远，这里不做论述。

总体来说，目前脱离地球引力还是以垂直起飞的运载火箭为主。但是，是采用廉价的多组发动机并联的方式还是采用一个大推力发动机的方式更好，目前并没有定论。这在某种程度上既取决于成本，也取决于安全性。对于临近空间的太空旅游，水平起飞方式的技术和经济成本已经得到了验证，因此估计未来一段时间将保持水平起飞方式发展。倾斜起飞的磁悬浮加火箭发动机助推的方式仍停留在论证阶段，未来能否代替垂直起飞的方式，主要取决于整体上的技术经济可行性。对于可以大批量重复发射的太空旅游应用需求来说，这也许是最有效的、低成本的进入太空的方式。

五、再入大气层和着陆

进入太空的时候，需要克服地球引力使飞行器达到第一宇宙速度，才能进入轨道持续飞行。返回地球时，则需要对载人飞行器实施减速，才能使其高度逐渐下降，再入大气层，并回到地球表面。将飞行器的速度从0加速到第一宇宙速度难，再将其从第一宇宙速度甚至第二宇宙速度（从月球或行星际返回时）减下来同样很难。但是由于地球引力的作用，只要飞行器的速度低于第一宇宙速度，总是可以返回地球的。如何做到快速、安全地返回，才是工程上需要解决的问题。对太空旅游来说，还需要考虑与成本相关的经济性。

减速需要燃料，并启动反推火箭发动机，这些燃料都是从地球上带入太空的，因此必然加大起飞时的载荷重量。理想情况下，如果将起飞过程反过来，也就是飞船慢慢减速，慢慢降落，将起飞过程按时间顺序完全逆过来，所需的燃料就等同于起飞所需的燃料，这样，起飞时就要加注超过不考虑返回时双倍的燃料，起飞的重量因此又增加了。这既不经济，也没必要。因为地球引力的作用，飞行器是可以自动下降的，问题是，如果让飞行器的方向调转 180 度，启动反推火箭，将在轨道上飞行的第一宇宙速度降下来后，飞行器就要在几乎是自由落体的情况下不断下降，就像陨石从宇宙中进入大气层一样。高速使得大气和飞行器摩擦产生大量的气动热，高达 1600℃ 以上。如何避免这些热量给飞行器带来伤害，是再入大气层时需要解决的最重大的工程问题。

工程上采用的解决办法，通常是用耐高温的陶瓷性质的涂覆材料，或者能够通过烧蚀释放大量热量的材料。可见，如果飞行器很大，迎风面就很大，需要涂覆烧蚀层的面积就很大，导致成本升高，风险也会增加。比较美国的航天飞机和中国的"神舟"飞船返回舱可以看出，航天飞机拥有更大的散热面积，因此它的再入风险就远比"神舟"飞船类型的返回舱大很多。

此外，在返回舱与大气剧烈摩擦的阶段，在距地表 70～110 千米区间内，贴近返回舱烧蚀面的空气将被高温电离，出现一个等离子体的壳层，这个壳层会阻隔电磁波的传播。因此，返回舱在返回的过程中，会有大约 10 分钟的无线电"黑障"，与地面失去通信联络。好在所有弹道都经过了仔细核算，在这 10 分钟的"黑障"期间，即使不与地面进行联络，也没有什么紧急的事情需要在此时处理。如果确实需要与地面联络，可以通过飞行器尾部的天线与地球同步轨道中继卫星联系，再接力到地面上。背对等离子体壳层方向的大气没有被电离，仍然可以通过微波进行通信。

载人飞行器通过"黑障"之后，速度就下降到每秒1千米以下，这时可以通过降落伞继续降低速度，或者通过机翼产生的升力，使飞行器进入像飞机一样能够操控的状态。与降落伞相比，通过机翼操控的着陆要平稳和安全得多，但是飞行器的成本也要高很多。通过降落伞着陆的返回舱则比较便宜，但是对着陆场的要求比较高，需要几十平方千米甚至几百平方千米的安全着陆区。这是因为一旦主降落伞打开，就无法再用计算弹道的方式来精确确定着陆点，而在很大程度上取决于当时的气象条件，如风力和风向。太空旅游是常规性的发射与返回，通常不能像政府任务那样等待晴好的天气再返回。同时，这种着陆方式需要地面搜救人员的密切配合。地面搜救人员需要在最短的时间内到达着陆地点，并安排好乘员出舱和后续的运送工作。返回舱落地前，通过高度计测量距离地面的距离后，还需要启动一个反推火箭，减少着陆舱接触地面一刹那时的冲击力。

与地面着陆场相比，海上着陆（图5-6）的困难不在于着陆地点的安全性，而在于气象和搜救的困难。首先，海上的气象条件多变，极端天气频发，且难于积累过往的气象数据。其次，海上的搜救移动速度不如陆地，因为船速往往不如车速快，即使同样可以借助直升机快速到达溅落海面，最终的搜救还是需要搜救船的到达。最后，海上搜救必须考虑返回舱防水的问题，但海上着陆溅落到水里的冲击力不大，不需要在着陆那一刻启动反推火箭。

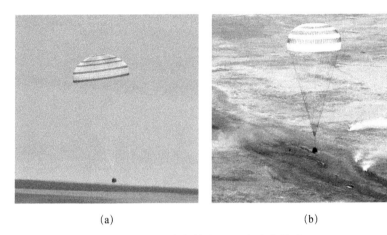

（a）　　　　　　　　　　（b）

图5-6　返回舱陆上着陆（a）和海上着陆（b）

　　然而，并不是所有国家都具备陆上着陆的条件，目前只有俄罗斯与中国采用陆上回收和着陆的方式，美国则一直采用海上回收和着陆的方式。一方面，是因为美国的载人航天发射场位于佛罗里达的卡纳维拉尔角，火箭起飞后就进入海面上空，紧急情况下逃逸的着陆也一定是在海上；另一方面，是因为美国的海军遍布世界各地，实力为世界上最强，随时可以出动参与搜救工作。海洋可溅落的面积比陆地大很多，安全性也高，因此美国一直选择海上返回的着陆方式。

　　如果返回舱是带机翼的飞行器，如美国的航天飞机，或美国维珍银河公司的"太空船2号"，就可以利用大气的升力降低飞行速度，在专用的飞机跑道上着陆。对太空旅游者来说，这种方式是最佳返回着陆方式。但是可以想见，一个子弹头式的返回舱和一艘带机翼的返回式飞船，无论是从建造还是复用时的成本来说，都会有很大的差别。因此，未来的太空旅游估计是从成本较低的子弹头式的返回舱开始，逐渐过渡到带机翼的、飞船式的水平着陆方式（图5-7）。

图5-7　航天飞机的水平着陆

第六章　空间段设施和运输系统

在上一章中，我们重点讨论了如何在地面上模拟微重力环境，如何脱离地球引力，以及进入太空和返回地球的方式。这章我们将讨论进入太空以后的空间段设施和太空中的运输系统，包括用于中转和短暂居住的空间站或太空旅馆，以及飞往月球的地月往返飞船。将天地往返和空间段分为两部分的最主要目的是尽可能地降低成本。克服地球引力所需的能量太大、成本太高，因此可以将不用每次都往返的部分留在太空中，避免经常性地往返于地球和太空之间，降低成本。对于太空旅游来说，高频度的天地往返需求主要来自游客，对短期旅行日程安排来说，平均每人100千克的往返需求就基本能够满足所需了。其他在太空中常备的基础设施可以只发射一次，然后将其留在轨道上，不用每次都往返。特别是对于地月之间的旅行来说，更是如此。

一、地球轨道空间站

无论是国际空间站还是中国正在建设的空间站，在完成国家任务之后，特别是完成必要的科学研究之后，只要寿命允许，都可以将其转作商用。

目前的空间站，出于科学研究的目的，除了必要的运行设施以外，还装配了大量的科学试验仪器和装备。一旦转作商用，这些科学仪器将被拆除，空间站内部将拥有更大的空间可以改作商业用途。与此同时，由于技术能力的提升，为了降低成本，空间站将增加必要的生命保障系统，比如对水的循环，以及在站内培养植物和动物，将其作为旅游者的食物。最重要的是，增加活动空间和观景平台，增加游客的体验感。

商业公司也可以为太空旅游建造针对性更强的太空旅馆，或称地球轨道上的太空旅馆。其设计理念将更加关注游客的感受，比如用充气式的舱段设计，为游客增加活动空间，甚至类似于旅店客房的一个个小的私人空间。

轨道空间站的功能和使用特点更接近于卫星，因此通常由卫星制造企业而不是火箭制造企业研制和生产。

用于太空旅游的载人轨道空间站或太空旅馆的主要功能至少应该包括但不限于以下几方面：①具备在轨道上持续飞行多年的必要轨道维持能力和姿态控制能力；②与天地往返载人飞船与货运飞船的轨道

交会和对接能力；③在一定时间内无人货运飞船补给的支持下，为工作人员和游客提供生命保障及最大可能的水、气的循环利用能力；④支持工作人员和乘员出舱开展必要的维修和参观游览的能力；⑤在舱内局部区域具备视野良好的对地和对天目视观测与观光的能力；⑥为游客提供舱内锻炼、娱乐，以及微重力环境体验和科普教育的能力；⑦与地面实时通信（语音和视频）的能力；⑧微生物、病毒安全检测与消杀能力；⑨出现危险时的应急逃生能力等。

人们长久以来梦想的太空城市，应该是能通过自旋产生一个相当于地球引力场重力的离心力的大型轮式结构的太空城，其定点位置也应该远离地球，具有能够观测地球全景的视角和稳定的轨道特点，比如高于地球同步轨道的赤道圆轨道。为什么不是同步轨道？这不仅仅是因为同步轨道的资源非常有限，其主要用于遥感和通信卫星，还因为在地球同步轨道，太空城的游客看到的地球只是其一部分，比如在中国上空的定点位置只能看到中国，却看不到美国；反之亦然。因此将太空城发射到高于地球同步轨道的赤道圆轨道上，就可以在一个由轨道具体高度决定的相位差周期内浏览全球各地。当然，也可以把太空城定点到地月系统的拉格朗日L1点的位置，在那里，游客既可以很好地观赏地球，还可以近距离地观赏月球。

从目前人类的技术能力和经费投入的可能性来看，建造巨大的、如同很多科幻电影中展示的那种轮式太空城的条件还不成熟。最为现实的，也是当前最紧迫的，还是首先实现在近地轨道上的太空旅馆式的太空旅游。一旦近地轨道的太空旅游与地月之间的太空旅游获得了可持续的发展，建设位于地月系统拉格朗日 L1 点的轮式太空城就会被提到日程上来。

二、地月往返飞船

在近地轨道的太空旅游之后，人类最想去的下一个旅游目的地就是月球。在能够实现落月旅游之前，首先应该是绕月旅游。为此，有三种实现绕月的运输方式。

第一种方式是从地面起飞，直接飞往月球，然后返回。这种方式要将所需的燃料全部一次性地从地球上发射升空，需要类似于发射"阿波罗计划"宇宙飞船的"土星5号"那样很大的火箭，因而成本很高。

第二种方式是在地球轨道上对接一个已经在此停留并带有燃料的推进舱，该推进舱事先从地面上发射升空。这种方式实际上就是将一个完整的运输系统分次发射。这里唯一额外的工作是需要在空间对接。由于完成天地往返的载人飞船完全可以使用现在的成熟设计，因此成本要低于第一种方式的成本。但是，由于从地球奔向月球的时间较长，需要几天的时间，游客待在狭小的载人飞行器中，活动空间很小，舒适度不如重新设计一艘直接飞往月球的旅游飞船。

第三种方式就是单独设计一艘飞往月球的载人往返飞船，但是这艘飞船并不负责完成天地往返任务，而是通过与地球轨道空间站对接完成游客的交换。这种方式的优点是，这艘飞船不在地球或者月球表面着陆，只飞行在地球轨道空间站和月球轨道之间，因此除了需要加注燃料和补充游客和工作人员需要的给养以外，其他所有部分全部可以复用。下面重点讨论这种运输系统。

地月往返飞船是可以重复使用的、长期运行在地球轨道和月球轨道之间的运输系统。它的内部设计得比较宽大，适于游客在其中度过数天的时间，并有较大的观察窗口便于观景。其唯一需要维护的，就是需要在每次往返时补充燃料。因为从地球轨道空间站的第一宇宙速度飞往月球，需要3.6千米/秒的速度增量，对应着数百至上千千克的燃料。这些燃料如果来自地球，将是一笔巨大的花费。但是如果燃料来自太空，比如来自月球表面，成本将大大缩减。运送燃料的无人飞船从月面上起飞的成本，要远远低于从地面上起飞的成本。此外，给这艘地月往返飞船的加注可以安排在月球轨道上，这又进一步降低了成本。

地月往返飞船从地球轨道上的约7.6千米/秒加速到约11.2千米/秒，需要3.6千米/秒的速度增量。对于一艘能够乘坐六七个人、重量超过2000千克的地月往返飞船而言，每一次往返任务需要的燃料都会达到数百至数千千克。这段旅程飞行时间的长短至关重要。对太空旅游而言，这个时间不能太长，太长的旅行时间会带来生命保障系统需要的附加重量的增加，即人生活所需要的水、食物量的增加，以及其他一些限制。因此，将此时间限定在两三天比较合适。

如果能够将加速均匀地分配在旅途中，比如以 0.1 米/秒^2 的加速度均匀地加速，在大约 10 个小时以后，就可以获得 11.2 千米/秒的脱离地球的飞行速度。再将这个速度降下来，使其能够被月球的引力场捕获，还需要掉转发动机的方向减速到 1.3 千米/秒。如果用同样的 0.1 米/秒^2 的加速度减速，还需要约 28 个小时的时间。可见，如果用均匀推力实现 0.1 米/秒^2 的加速度，不算变轨掉头等其他时间，地月飞行就大致需要 1.5 天。因此，将地月旅途设计为两三天是合适的。采用 0.1 米/秒^2 的加速度也是考虑了游客的体验，这个加速度和月面加速度相近，可以让未来落月旅游的游客提前适应这个环境。同时，在飞行过程中提供一点儿加速度，可以为游客带来很多生活上的便利。比如，游客可以将水杯放在小桌板上，因物体有明显的下落感，水就会沉在水杯里，不会洒出来。当然游客座椅和桌面需要能够调整，使其与飞船的加速方向相配合。图 6-1 展示了乘客座椅位置和加速、减速的方向。

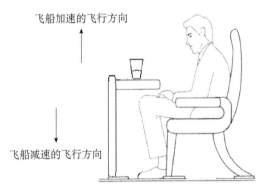

图 6-1　飞船内乘客座位与飞船飞行方向的关系

为了获得这些动力，每次往返飞行都需要给地月往返飞船补充燃料。数百千克甚至超过1000千克的燃料，如果从地面上运到近地轨道上再给往返飞船加注，其成本要远远高于从月面上生产燃料并运送到月球轨道上给往返飞船加注。这不仅是因为地球引力大，进入轨道的成本要高很多，还因为如果是在月球轨道上给往返飞船加注，从月球轨道离开返回地球后，其燃料箱就已经不是满箱了，因此离开地球时的自身重量要比携带所有全程往返燃料（即在地球轨道上加注后）时轻，从而可以节省一些所需的动力。

可见，对只参与地月轨道之间运输的地月往返飞船来说，最优的燃料补充方式是在月球轨道上加注，而不是再回到地球轨道上加注。前提必须是人类已经具备了在月面上生产燃料的能力，并实现了自动无人化和规模工业化。在此之前，地月往返飞船还是要依靠从地球上将燃料运送至近地轨道，并在那里给地月往返飞船加注，成本或许比一次使用的、从地面起飞的月球旅游飞船还要低一些。原因就是将地月往返飞船除燃料以外的大部分质量都留在了太空中，并重复使用。

与国家载人探月项目的地月往返飞船不同，用于太空旅游的地月往返飞船除基本功能外，还应包括但不限于以下几个方面：①具备恒定的加速能力，使得乘客在大部分时间内处于一定重力的环境之中；②具有观景窗与舒适可调整的座位，并有足够的空间便于乘客离开座位在舱内活动；③具有与地面进行宽带实时通信（语音和视频）的能力。

三、月球轨道空间站

如果人类能够在地球轨道上建立空间站，就一定能在月球轨道上建立空间站。这就是月球轨道空间站。对太空旅游而言，月球轨道空间站有两个功能：一个是中转游客；另一个就是对地月往返飞船进行加注，以及获得从地球轨道空间站带来的补给。用于太空旅游的月球轨道空间站，不需要各种科学实验仪器和相关设备，因此内部空间会宽敞很多。此外，月球轨道空间站可以是无人照料的空间站，因此体积和功耗都可以比较小。在接待游客的时候，月球轨道空间站由地月往返飞船的驾驶员或月面往返飞船的驾驶员兼顾操作和管理。

月球轨道空间站除了应具有地球轨道空间站一样的人员对接舱口外，最主要的不同就是应该具备接收和存储从月面运来的燃料，以及给地月往返飞船进行加注的功能。其他功能和地球轨道空间站一样。

四、月面往返飞船及其起飞和着陆

月球的逃逸速度是地球的1/6，也就是说，只要将飞行器加速到1.3千米/秒，就可以进入环月轨道。

由于月球上没有大气，因此在飞行器高速运动中，不存在大气阻力，也不会由于飞行器与大气摩擦产生气动热，无须额外的热防护与流线型的整流罩设计。

在月面上着陆，由于没有大气，也就无法使用降落伞进行减速，因此着陆的全过程需要用燃料动力减速。

由此可见，月面往返飞船的设计与地球天地往返飞船的设计和外形完全不同。这一点从"阿波罗计划"时代的着陆器就可以看出来。

此外，由于月面往返飞船从月球轨道空间站接到游客以后，不需要很长时间就可以在月面着陆，这个时间通常不超过数小时，驾驶员和游客只需要坐在座位上，不需要在飞船内移动，因此飞船内部也不需要很大的空间。所以，飞船的内部设计同地球天地往返飞船类似。

除了其他必备的常规功能外，由于起飞和着陆需要燃料提供动力，还需要携带月面生产的燃料到月球轨道空间站，因此月面往返飞船应该有一个体积较大的燃料舱，便于携带和运输大量的燃料。

太空旅游的起飞和着陆与科学探测截然不同，其都是在建设好的月球起飞和着陆场上进行，因此无须考虑月面往返飞船悬停避障和对着陆点的选择等额外的功能与设计。

关于着陆和起飞场地，由于使用燃料动力起降的月面往返飞船在着陆和起飞时会扬起大量的月尘，带来污染，因此需要考虑将着陆和起飞平台的表面硬化，以避免产生月尘造成污染。

游客着陆后还有后续旅游项目，比如在月面居住几天，这就需要建设月球旅店。在旅店里，游客将脱掉航天服进入封闭的环境，需要穿上舱外航天服走出月面往返飞船，进入一个密封舱，加压后再脱掉航天服，进入月球旅店。这一穿一脱，都需要气闸舱过渡，增加了成本，造成能源消耗。因此，可以考虑将飞行器直接落入一个较大的圆柱形密封舱中，该密封舱实际上就是一个大的气闸舱。着陆完成后，气闸舱关闭并充气，达到一个大气压后，游客就可以直接走出飞船进入旅店。同时，这种圆柱形气闸舱式的着陆和起飞场，可以避免在着陆和起飞时扬起月尘带来微尘粒的污染。

月球上没有大气，因此对着陆时轨道的计算应该非常精准，并准确控制着陆点。设计和使用这样固定位置的气闸舱式的着陆与起飞场，在技术上是完全可行的。

月面往返飞船在运送游客的同时，还承担着从月球轨道空间站带来游客和运输月面工作人员所需给养，以及从月面燃料生产厂携带燃料到月球轨道空间站的任务。燃料工厂生产的燃料，可以通过管道直接连接到着陆和起飞场，并通过自动机械装置，在飞船着陆后，自动为飞船加注。

为使月面往返飞船和月球轨道空间站的对接更加便捷，月面旅游的目的地，即月面的月球旅游设施，如月球旅店的选址，应该和空间站的轨道倾角有相关性，即如果月球旅店的纬度为45度，那么月球轨道空间站的轨道倾角也应该设计为45度，这样可以大大节省对接时所需的燃料。

月面旅游的基础设施原理如图6-2所示。

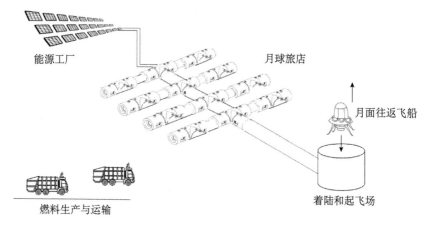

能源工厂

月球旅店

月面往返飞船

着陆和起飞场

燃料生产与运输

图6-2 月面旅游基础设施原理图

第七章　月面着陆区选址

降落到月面，亲身体验"阿波罗11号"宇航员登月时的心情，体会只有地球1/6重力的奇妙感觉，回望独自在黑色的宇宙中旋转的蓝色地球，是月球旅游最吸引人的地方。与科学探索和研究不同，月球旅游无需每次都更换着陆区，只需要选择最适合旅游的地点，并配套建设相关基础设施即可。本章将讨论着陆区选址，以及确定了着陆地点后建设基础设施的相关问题。

一、燃料生产

讨论月面旅游的着陆点，首先需要和燃料的就地生产一并考虑。这是因为在月面生产燃料是降低月球旅游成本的一个先决条件，而生产出来的燃料需要发射到月球轨道空间站对地月往返飞船进行加注。这个运输过程需要的飞船，就可以和载人的月面往返飞船合二为一。

因此，月面旅游的着陆点应该和生产燃料的地点在一起，燃料生产完就直接加注到月面往返飞船上。

那么，从哪里提取燃料最合适呢？我的观点是，提取燃料的原料是月壤，而不是水冰。

为什么不是大家都趋之若鹜的水冰呢？原因有二：第一，水冰的资源有限，应该给予保护而不是将其消耗掉；第二，水冰仅存在于深不见阳光的陨石坑底部，那里山峦起伏，不是合适的旅游地点。

确实，从月壤中提取液氢和液氧比从水冰中提取要多一道工序，也就是需要从其他氧化物（如氧化钛、氧化铁）中提取。化学还原过程是，将月壤加热到800℃以上，加入少量氢，使月壤中的氧和氢结合形成水，再将水电离获得所需要的氧和氢。这当然需要额外的能量。但是，在月日期间，太阳能是免费的，能量是现成的。另外，在月海地区，月壤资源是普遍可以轻而易举获得的。因此，为了更容易地获得提取燃料的月壤，月面旅游的着陆点应该选择月海。

液氢、液氧提取的副产品是以钛、铁、硅为主的月壤矿渣。将这些矿渣压制成月壤砖，就是非常好的月面封闭舱或月球旅店的建筑材料。由于燃料提取工厂的建设在前，月球旅店的建设在后，因此这种建筑材料是源源不断的，不存在一定要将月球旅店建在地下或用月壤将其覆盖成地堡形式的居住区的情况。

二、回望地球的角度

从月球那样远的距离回望地球是太空带给人类的第二次启示。离开了地球，从月球上再次发现和重新认识人类的家园——地球，是月球旅游的最高境界。因此，月面旅游的着陆点，应该充分考虑回望地球的便利性。

由于地球对月球的潮汐锁定，在地球上看月球时的情形是，月球永远只有一面朝向我们。在月球上看地球，这个潮汐锁定带来的天象则是，地球不会升起也不会落下，而是永远停留在天空中同一个方向不动。但是可以看到地球在自旋，每24小时转一圈。在一个月中，地球被太阳照亮的部分也会循环一次，即在每28天中将出现一次被太阳完全照亮的情况（参考"满月"的概念，可以称其为"满地"），以及出现一次完全看不见地球的全暗时刻。

为了确定在月面上看到的地球在空中的位置，我们可以月球经纬度的原点，即月面的正中间那一点为圆心，以圆心到在经轴或纬轴上15度为半径做圆，在圆上所有的着陆点上回望地球，地球都在天顶向下15度的方向（图7-1）上，即月平线以上75度仰角的方向上。同样，如果以到45度经度或纬度那一点为半径做圆，在圆上所有的着陆点上回望地球，地球都在天顶向下45度或月平线上45度仰角的方向上，以此类推。可见，如果想使得游客有一个舒适的回望地球的仰角，就需要将着陆点选择在一个适中的半径的圆上，比如在45～60

度，这之间较大的月海包括东北象限的静海、西北象限的雨海，跨越西北、西南的风暴洋，以及东南象限的酒海。

图7-1　地球在天顶向下15度时的月面着陆位置

除了仰角的舒适度，还需要考虑地球的方向。如果着陆点选择在月球的北纬地区，地球则出现在着陆点的南天方向，且地球对观察者而言是上北下南的，与我们习惯看地图的方向相同。相反，如果在月球的南纬地区着陆，地球则出现在着陆点的北天方向，我们看到的地球就是上南下北的，与我们习惯看地图的方向相反。可见，选择北纬地区的着陆点，在回望地球方面更符合人们的习惯。当然，如果在月球赤道上着陆，比如在东经30度北纬0度的静海内着陆，地球则出现在着陆点正西方向月平线之上60度的地方。

如果将着陆点选择在人们常说的月球南极附近，那么当游客回望地球时，不但地球是上南下北的，还会在月平线附近，永远也升不起来。由于地球的直径比月球的大 3.67 倍，所以从月球上看地球，会比从地球上看到的满月还要大 3.67 倍，且呈现蓝色，上面飘浮着白云。"阿波罗 11 号"宇航员迈克尔·柯林斯（Michael Collins）在纪念"阿波罗 11 号"登月 40 周年时说："我真心地认为，如果世界上的各国政治领导人能够从距离地球 10 万英里①以外的天空看到我们所生活的这个星球的话，他们的世界观、人生观和政治观将会发生根本性的变化。因为在那个距离看地球，所有那些所谓无比重要的边界都已经不存在了，各种各样的吵闹和争论也都平息了。地球只是一颗小小的行星，它持续不断地自转、公转，平静地忽略所有分歧。一言以蔽之，宇宙中的地球所展现出来的是一个统一的理解和认知，并得到统一的对待。地球必须真正成为它在宇宙中所展现出来的形象：一颗由蔚蓝和雪白两种颜色组成的天体，而绝对不应该存在贫富差距，不应该存在嫉妒和仇视。"②

三、月面观景

游客除了回望地球，当然也希望看到月球上的景色。如果仅仅降落在平平的月海上，就像地球上的大平原，周围没有耸立的山峰和巨

---

① 1 英里 =1609.344 米。

② 皮尔斯·比索尼. 登月. 舒丽苹译. 北京：机械工业出版社，2019：89.

石，没有陡峭的峡谷，也将是一个遗憾。因此，在选择月海中有丰富细腻的月壤便于能源提取的同时，还应该考虑着陆区的附近有高耸的山峰等。这样的山峰在月海的边缘有很多，比如雨海中部直径达80千米的阿基米德环形山，雨海东部延绵600千米的亚平宁山脉，其中最高峰惠更斯山的高度达6.1千米，以及雨海北部的阿尔卑斯山脉和阿尔卑斯大峡谷。设想一下，如果你登陆月球，身着登月航天服的你的身后，是平整的月海和高耸的山峰，在黑色的宇宙中一个合适的仰角处，还有比从地球上看月球（直径）大三四倍的、隐约可见上北下南的大陆板块的蓝色地球，那将是一幅多么美丽的图画啊！

因此，为了更好地观景，着陆区的位置应该选择在月海边缘、朝向地球方向的下面、有高山作为背景的地方。

同时，我们希望未来的月球旅店一定要好好为每一个房间设计观景窗，也就是每个房间都应该有一个朝向地球方向的玻璃窗。

四、月面移动

对于身穿航天服的游客来说，在月面行走的活动范围很小。但是如果乘坐月球车，则可以移动很远的距离。1972年12月，"阿波罗17号"宇航员登月时，曾经驾驶月球车行驶了超过30千米的距离。因此在选择着陆点时，需要考虑月球车的移动范围，甚至需要为更先进和移动速度更快的月球车留出活动空间。不应该将着陆点选择在一个直径不够大，比如直径只有80千米的阿基米德环形山那样的月海里，那会大大限制游客的活动范围。

在月面上实现机械化移动，即利用电动月球车行走已经是50多年前就已实现的技术了。因此，在未来的月球旅游中，这不应该成为问题，更何况目前地球上的电动汽车和自动驾驶技术都已经非常成熟了。但是对于月球旅游来说，我们也许需要考虑如下几个新的需求：第一，更多人乘坐的月球车，比如6人（包括1名驾驶员和5名乘客），或根据团组的需求，设计空间更大一些的月球车，比如能坐8人或10人的月球车；第二，履带式或多足式的月球车，增加高速行驶时的稳定性，以满足进入坡度大但仍能快速行走，并能探险不平坦的区域；第三，能够行走超过50千米甚至更远的月球车。

五、月夜能源需求

任何在月球表面的活动，都不可避免地要面对长达14天的月夜问题。由于月球的自转周期是28天，与地球不同，在每一个周期，除了月球两极个别的高山上以外，月面上的任何一点都将经历长达14天的月夜。在月夜期间，表面温度将迅速下降至-150℃以下，甚至达到-170℃。如何在月夜期间继续旅游活动，不但是一个着陆、旅店等设施利用率的经济性问题，还是一个重要的游客体验问题。因为只有在月夜期间，游客才能看到更美丽的地球，这时地球的大半部分会被太阳照亮。特别是在月夜中间的那两天，地球将呈现出被太阳完全照亮的时刻，也可称为"满地"的时刻。

如何解决月夜能源需求是一个技术问题。解决方案有很多种，比如利用核能，利用微波或激光传输的太空电站，利用太阳能从月壤中提取水并用水做成燃料电池再发电等。但是对载人旅游而言，核能并不是一个最佳的选择，主要是因为安全问题。对辐射的防护需要大量金属，主要是铅。如果能从月壤中比较容易地提取铅，而不是从地球上带上去，则采用核能也许是最高效的办法。否则，为了确保游客安全，就只能采用其他几种方式。利用太阳能从月壤中提取水，把水电解为氢和氧，再用这些氢和氧还原成水并发电，整个过程比利用太阳能直接发电的效率低很多倍，因而是非常低效的办法。这个过程需要很大的基础设施来支撑，将已经生产出来的液氢和液氧燃料再还原成水也是非常可惜的，因为液氢和液氧就是我们需要的液体燃料，可以大量地用于太空中的运输系统。因此，最好的办法还是直接用太阳能发电。

那么，月夜期间如何获得太阳能呢？在人类大范围地开发月球形成环月面的电力网之前，最好的办法是到月球轨道上去获得太阳能，再把它无线输送到处于月夜期间的月面上。

在地球上利用微波无线传输轨道上的太阳能到地面的研究已经做过多年，微波接收端的微波检波天线的能量转换效率已经接近10%。当然，与用太阳能直接发电相比效率仍然低很多。地球上因为有大气层的阻隔，用微波从轨道上向地面传输能量也许是唯一的办法。但是在月球上，因为没有大气的阻隔，我们可以用激光或直接反射光波来传输能量。

用激光传输能量的方案就是将太阳能帆板的电能直接供给大功率的激光器，然后通过一个大孔径（对应窄波束角）的光学望远镜，将激光照射到用户的太阳能帆板上。这个方案的缺点是能量转换的效率不高，大量的能量将在光转电、电再转光的过程中损失掉。此外，制造大孔径望远镜的成本也很高。

另一种正在研发的技术是直接将太阳光从轨道上用镜面反射到月面上用户的太阳电池阵上，无须由光到电再由电到光的能量转换，因此能量利用效率最高。然而，太阳光并不是理想的平行光，经过上千千米的传输会出现发散，无法聚焦。此项研究的目标是设计焦距超过上千千米（对应相应的轨道高度）的反射镜，并将多个这样的小反射镜拼接成一个大反射镜，每个小反射镜都具有自主跟踪的能力。在月面上的用户端，只需放置一个角反射器提供反馈信息，就可以使轨道上的反射镜阵面始终锁定这个用户的位置。如果这个方案可行，将是最有希望实际执行的月夜能源方案。这样的轨道太阳能反射器，或称为轨道太阳能电站，可以分时为多个月面用户服务，只要用户端具备一个被动光学角反射器就可以。

六、辐射与微流星安全需求

月球没有像地球一样的磁场保护，太阳风粒子可以长驱直入到达月球表面。探测数据表明，月球表面的太阳风粒子通量要高于近地轨道，但是也并不显著。如果通过建筑材料的屏蔽，在月面密封舱内，即月球旅店内部，可以基本忽略背景太阳风的辐射问题。在月球表面的室外环境中，如果停留时间不长，也可以忽略其辐射效应。

对于太阳爆发时的粒子辐射，在月球表面必须给予考虑。但是由于太阳爆发时的空间天气事件可以提前预报，因此可以在爆发粒子到达月面时停止任何室外活动。此外，在密封的月球旅店内部，一定要建设躲避大的太阳风暴的避难区，该区域的建筑外层厚度要大于其他区域，以屏蔽更高辐射流量的宇宙线或太阳风粒子。

对于太阳系内普遍存在的尘埃粒子，其直径通常都小于1毫米。在月球表面，月球引力场要远远小于地球的引力场，其在月面的辐射动量都不大，因此一般的建筑外墙都可以将其屏蔽。对于较大的微流星，由于其发生概率非常低，因此可以仿照近地轨道空间站的设计，在密封的月球旅店内设立可以分段隔离的密封舱门，一旦出现漏气，警报系统就可以提示工作人员立即将游客疏散至安全区域，先隔断漏气的部分，再进行维修。

考虑到太阳粒子辐射和微流星辐射，如果将旅店建设在早期月球活动留下的熔岩洞周围，则可以将天然的熔岩洞改造成避难的地方。但是由于月面上的熔岩洞并不常见，因此着陆区的选址应该优先考虑能源提取和观景等更为重要的需求。

第八章　月球旅店的建设

在上一章中，我们主要讨论了与月面旅游选址相关的问题，本章具体讨论与月球旅店建设相关的问题。讨论的出发点仍然是月球旅游，并在考虑技术方案可行性的同时，考虑其经济可行性。

一、太阳能发电站

太阳能是月球表面最廉价和高效的能源，因此，月球旅店需要根据需求建设大规模的太阳能电站。

太阳能电池的生产需要在月面进行。目前，自动生产太阳能帆板的机器人正在研制中，预计很快就可以开展月面生产试验。其生产方式与能源生产方式相同，即从月壤中获取硅和其他元素（如锗）等，就地制造出所需的半导体电池片，也许还会产生副产品液氢和液氧。

太阳能发电站的装机容量要考虑月夜期间来自轨道太阳能电站发射来的阳光的发电效率的变化，以及每日能够提供阳光的时间的限制。同时，太阳能发电站还有在进入月夜前对蓄电池充电的功率需求，其规模应该是数百千瓦对应着数千平方米的太阳电池阵。如果一台自动机器人每天可以生产1平方米的太阳能帆板，考虑到月夜期间不能工作，10台这样的自动机器人一年就只能生产1500平方米左右的太阳电池阵。这是月球旅店建设中必须考虑的经济因素。

如前所述，这样的太阳能发电站同样可以接受来自轨道的太阳能反射光，唯一需要增加的就是在太阳电池阵中间放置一个无源的光学角反射器，为轨道太阳能电站提供反馈信息。

二、建筑材料与建筑形式

无论是燃料的提取还是太阳能帆板的生产，其副产品都是月壤矿渣，其中富含钛、铁等各种金属和矿物元素，经过高温和高压可以变成建筑基础材料——月壤砖。

此外，目前许多机构和企业也在研究将月壤直接作为3D打印的材料，打印不同形状的建筑构件，甚至完整的房屋结构。还有一些企业在研究利用月壤或小行星矿物直接生产金属材料，作为未来太空城的建筑结构材料。

以上这些都是可以用于月球旅店的建筑材料。但是，最廉价和具有源源不断来源的就是燃料提取、太阳能帆板制造，以及玻璃制造留下的月壤矿渣制成的月壤砖。标准化尺寸的月壤砖非常适合机器人操作，方便搬运、存储，以及在建设中使用。

目前还没有关于月壤砖屏蔽太阳辐射的测试数据，无法提供其等效的金属铝屏蔽厚度的数值。暂设将其放大数十倍，并考虑燃料提取机器人能够操作的尺寸，可以将月壤砖的大小定义在370毫米×240毫米×115毫米。

在月球旅店的建设中，月壤砖主要提供了用于旅店外部和对太空环境的屏蔽，并具有保温功能。对于内部密封的月球旅店来说，建筑结构内部还需要一个承受来自内部一个大气压的密封层。这个密封层可以用地球轨道充气式太空旅馆的柔性材料，从地面带到月球上，无须在月面上生产。这样，月球旅店的基本建筑材料就由内部柔性密封层和外部月壤砖结构联合构成。

为了确保内部密封的月球旅店可以应对任何原因产生的漏气等安全风险，月球旅店应该按照地球轨道空间站的设计方式，分成许多可以通过密封舱门隔离的单元。每个单元的面积不宜过大，但是应该包括一段公共通道和一个独立房间（图8-1）。

公共通道两侧就是密封舱门，并用于和另一个连接单元对接。因此，月球旅店内部各个单元之间都会有平时打开但可以随时关闭的隔离舱门。每个隔离单元的供气系统都从外部单独提供，可以独立地开启和关闭。

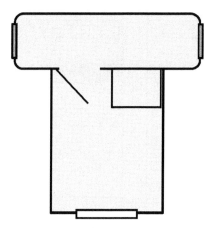

图 8-1　月球旅店的密封单元

根据观景的要求，每个独立密封单元的房间一侧都应安装有观景窗，且尺寸越大越好，并使其朝向地球一侧的方向。

一个舒适的月球旅店还应该有比较大的公共活动区域，比如连接各部分的公共通道、餐厅、娱乐场所和会议室等，因此建设非居住的较大的公共空间也是月球旅店设计中必须考虑的因素。这些较大的公共区域的密封安全设计应该高于密封单元的设计标准，即具有更厚的密封层和辐射防护层。

将各部分连接起来，就构成了一个完整的月球旅店。可以想象，它的大致结构包括：一个中间主通道、两边连接分支通道并有很多房间的居住通道、主通道尽头的餐厅和会议室等（图 8-2）。注意，图中并没有画出技术支持设施，比如电力，以及水、气和生物循环系统所需的用房。

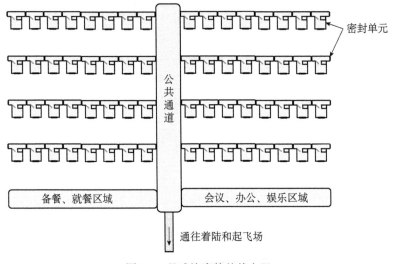

图 8-2　月球旅店的整体布局

三、水、气和生物循环系统

出于节能、减排、环保的要求，水的循环利用技术在地面上已经基本可以实现了，气的循环在国际空间站上也已经成功实施，因此不属于技术障碍。需要进一步实施的仅仅是生物循环，即厨余、粪便等生物类废物的循环利用。

有限利用生物类废物改善月壤，使其可用于种植，对于一个未来可能会容纳数十人乃至上百人的月球旅店而言是非常重要的。因为即使考虑每名游客平均100千克的载荷重量，对能够带上月球的食物和水也是非常有限的。再加上月球旅店的工作人员消耗，必须考虑在一定程度上能够做到自给自足。尽管目前的植物种植可以完全依靠营养液，但是如果有改良的月壤参与种植，则会大大改善生物循环和再利用的体量。因此，在密封舱内应该考虑设置种植区，利用生物废物改良月壤，最大限度地做到循环利用。在月球上享用用改良后的月壤种植出来的蔬菜和水果，将是月球旅游的一个亮点，有助于提升旅游的品质。

这里必须提到，如果每名游客都带一些饮用水到月球上，并使这些水循环利用起来，水的存储量就会逐渐增加。因此，在月面上，水并不是最稀缺的资源，无须将月球旅店建设在有水冰的陨石坑附近。

四、月地通信系统

建设月面的旅游设施，从燃料提取开始，就需要高速数据通信的支持。月球距离地球38万千米，采用微波通信需要建设超过20米的大天线，才能获得100Mbps的通信速率，成本很高且不容易建设。目前最先进的技术是采用激光通信，可以大大减小发射和接收端光学望远镜的孔径。在月面采用口径为0.5米的望远镜，通信速率就可以超过1Gbps。在地球一端，由于有大气层的阻隔，特别是在天气不好、有云遮挡的时候，激光会受到阻隔，导致通信中断。目前的解决方案有两个：一个是在地球上建设多个激光地面站，选择其中天气好的激光地面站使用，当这些激光地面站的数量多到一定程度的时候，就可以确保其中至少有一个处于天气良好、可以通信的气象条件下；另一个是通过地球同步轨道的微波通信卫星进行中继转发，其中月球到同步轨道通信卫星采用激光链路，从同步轨道通信卫星到地面采用常规的高通量微波链路，这样就可以确保全天时的数据通信。

还有一种技术方案是在地面上建设超过20千米高的平流层观测塔，在塔顶上安装激光通信站。该观测塔同时也是平流层大气和天文观测站，不受地面对流层大气的干扰，可以提供类同于轨道卫星观测质量的科学观测结果，具有很强的科学需求。但是建设这样的高塔所需经费庞大，需要与科学观测需求一同申请政府的重大科学装置建设经费来共同支持。

五、作息时间管理

月球的昼夜变化周期为大约28天，因此在月球上无法按月球的昼夜安排作息时间，应该按地球上的日夜来安排作息时间。未来的月球旅游一定是对全世界的游客开放，他们会希望按照其所在国家或城市的作息时间休息。这样做有如下几个好处：第一，符合游客当地的作息时间；第二，在游客和地面上的亲朋好友通信（语音和视频）时，与当地的作息时间相符；第三，游客看到的地球景色也和他们自己国家的作息时间时的相符；第四，游客可以按不同的作息时间分散出现在餐厅和其他公共区域，缓解本来就不大的公共活动空间的压力。这样分散作息时间的缺点是给旅店工作人员带来压力，他们需要24小时不间断地工作，增加了对人力资源的需求。

六、旅游设施与科研站的关系

月球旅游属于商业航天的范畴，完全靠融资和自身发展的滚动资金进行。与此同时，政府航天任务对月球的探索也在进行，并将设立月球科考站。如果将两者结合，将会达到相互支持的效果。

未来的政府载人登月项目希望探索的目标一定是新的着陆点和具有更大科学意义的着陆区，而不会把观景的旅游需求放在首位。但是政府的月球科考站和载人登月任务同样需要能源、电力、通信，以及密封舱生命保障系统等基础设施。这些支持与月球旅店是相同的，唯一不同的是选址。

从月球旅游开发的角度来看，虽然最高需求是观景和游客的体验，但是建设完整的能源、电力、通信和大规模的密封舱生命保障系统的费用高昂，投资回报周期长，因此如果能在投入方面和政府投入结合起来，将是最佳选择。

那么，双方的结合点在哪里？二者能相互支持和相互融合吗？

首先，基础设施的建设是结合点，但是月球旅游的基础设施建设规模更大、更完整，比如政府的月球科考可以不考虑在月夜期间工作，但月球旅游必须考虑，因为月夜才是回望地球最好的时段。因此可以考虑由政府科考站支持建设月球旅店的部分基础设施，然后使用其部分房间作为科考站，并共用餐厅、会议室等公共区域。

其次，关于着陆区的不同，政府科考任务可以考虑和月球旅游公司共同开发月面往返飞船，并将其改造为月面载人飞行器，搭载科考人员在月面不同的区域着陆、采样，带回到月球旅店中的科考站实验室进行分析，无须在南极的陨石坑附近重新建立基地。

再次，在月球旅店建设非密封的样品存储库，甚至样品就地质谱分析室，可以保证样品的原始态不受污染，无须再将其带回地球，或者大部分无须带回地球。科考人员仅需穿上舱外航天服，通过气闸舱，就可以进入非密封的样品分析实验室开展工作。

最后，对无须选择着陆点的科学研究，比如月面天文观测和对地球的遥感观测研究，完全可以利用月球旅店所选的地址开展工作。

第九章　成本与市场分析

　　真正的太空旅游是可持续发展的，也就是不断地有游客想加入进来，市场不断滚动，持续发展，因此游客的数量不应该只是个位数，甚至不应该是百位数，而应该是更多。

　　因此在分析市场时，应该从这个数量入手来分析市场的体量，再倒推因旅游进入太空的基础设施的建设规模和成本约束。

一、第一批潜在客户

　　在航天事业发达的国家，如美国、俄罗斯、欧洲国家、日本、中国，以及那些特别重视航天科普教育的国家中，不乏一批太空爱好者，他们是太空旅游最积极的支持者，尽管他们中的很多人也许没有雄厚的资本支持自己购买一张飞往太空的船票。能够在一生中获得一次飞向太空的机会，也许是他们人生中最大的目标。

当中高等收入群体有了跨出国门到世界各地旅游的愿望时，其财富余额就已经达到了年旅游支出数万美元的水平。在这之后，他们之中有一部分人就会有想到地球上那些难以到达的地方去旅游的愿望，比如到南极的科考站、北极的斯瓦尔巴群岛、非洲肯尼亚的野生动物园，以及攀登珠穆朗玛峰等各大洲的最高峰等。这部分人可以付出的旅游支出，将会是十数倍或者数十倍高于普通人，即达到数十万美元或上百万元人民币的水平，他们就是第一批太空旅游的潜在客户。

然而，到太空旅游需要付出更多的费用。每个人在人生中也许只能去一次，而不是每年都能去。因此，我们可以将他们10年的探险类旅游支出作为上限，即将一次太空旅游的支出定在500万~600万元人民币，或者100万美元。这也许是一个比较合适的价格。当然，这样的支出对很多人来说还是太高了，但是放在全球来看，能够接受此价格、想到太空去旅游的潜在游客，每年应该不低于上千人甚至更多。

在后面的第十一章和第十二章，我们会具体讨论太空旅游的内容设计。这里，我们仅以最初的和最基本的需求来判断第一批潜在游客到太空旅游的动机。

首先，他们都是探险者、冒险者，甚至是人生的挑战者。第一批太空旅游者估计都是事业成功人士。从国际空间站的前7位到访者，或称自费宇航员来看，他们都是商业上的成功人士。如果我们把票价从数千万美元降到数百万美元甚至100万美元，这个成功人士的覆盖面将扩大至几乎所有社会领域，包括靠较高固定工资收入生活的大量中高层社会精英，当然也包括享有高薪的时尚界、文艺界、体育界的精英人士。他们在事业巅峰时期，希望体验更大的挑战，探索世界的边界甚至体验人的自然生理极限。到太空中去旅游正是他们梦寐以求的。

其次，第一批潜在的游客也包括那些富足的退休人员。在他们的年龄，早已没有为了生存而工作的压力，他们拥有了住房，有无须他们抚养的儿孙，还有充足的退休金甚至投资回报，所没有的是向往已久但从来没有机会付诸实践的太空旅游的体验。他们和朋友相约为伴，要到太空中去进一步丰富自己的人生。

在许多新兴国家，很多人是随着国家的发展而发达起来的。他们原来拥有的土地和较小的住房，在国家和地区的发展中，兑现为巨额的财富，或者以多套住房的形式保存了下来。其中的任何一套不动产都可以兑现数百万元的现金资产。这些新兴的富人们，对到太空旅游也会感兴趣，因为这种独特的旅行从某种程度上来说，是将他们和其他人区分开来的一种方式。

这样一些潜在的客户群体，在中国就有大量的储备。特别是在第一批探险者成功地进入了太空之后，这个市场的成熟度会逐渐提高，各个不同领域的客户就会陆续加入进来。

二、收入与约束

根据目前政府航天运载工具的成本，将每千克有效载荷送入近地轨道的成本大约为 10 000 美元。由于商业航天的加入，如果采用商业航天的运载工具，进入近地轨道的每千克成本已经可以降到 5000 美元甚至更低。这里我们设想，对于太空旅游而言，天地往返的游客运输系统，包括运载火箭和飞船，完全可以采取市场采购的方式，不需要特别投入和开发。

如果将一名乘客送入近地轨道，所需运送的载荷除了游客本人外，还必须包括他在太空中生活所需的其他物资，每人合计带入轨道的重量最低也不能低于 100 千克。因此，将一名乘客送入近地轨道的最低成本大约是 50 万美元，这还不包括返回地面所需的回收场的费用。当然返回地面的费用与离开地面的费用相比要少很多。

这个费用是在目前发射频次较低，即批量生产不足的情况下的报价。未来，随着太空旅游的发展，这个成本还会进一步降低。

可见，如果按每人每次 100 万美元收取费用计算，单从价格上考虑，是可以实现收入和成本平衡的。如果仅仅乘坐飞船进入轨道，不进入地球轨道空间站（如国际空间站），而只是在近地轨道上飞几圈就返回，那这样形式的太空旅游还比较单调，无法吸引更多的游客。由于国际空间站的建造和维护费用均是政府报价，而且居高不下，所以目前在近地轨道太空旅游方面，最紧迫的任务是要建立商业性质的近地轨道空间站，即地球轨道太空旅馆，将其作为太空旅游的第一站。

考虑到这个市场的潜在用户的数量，应该将市场规模尽快由每年几十名游客扩大到几百甚至上千名游客。考虑到往返时间和至少两三天在太空旅馆里的停留时间，每人每次的行程就是六七天。这样的规模意味着，采用6人（其中包括1名驾驶员和5名乘客）容量的天地往返飞船，如果每天仅有一班飞船飞往太空旅馆，那么太空旅馆也必须有能容纳20~30人的生活空间，其中包括大部分游客和两三名旅馆工作人员。

每天5人，每月就是150人左右，每年就是1800人左右，如果仅考虑每人100万美元的天地往返费用，这就是一个每年近20亿美元的太空旅游市场。限制其进一步发展的主要约束实际上来自太空旅馆的接待能力。更多的游客意味着需要更大的空间，或建造更多的太空旅馆。

三、太空旅馆的成本

至此，我们仅仅估算了总收入和天地往返的基本费用，而没有讨论建设地球轨道甚至其他太空旅游基础设施的费用。那么，建设一个近地轨道太空旅馆的成本是多少呢？

一个比较容易的计算方法是按发射入轨的重量来估算。一个运行在地球轨道上的太空旅馆其实就是一个近地轨道空间站，尽管不需要在其中做任何科学实验，但是其安全性和生命保障系统都是完备的，通信和控制设施也和国际空间站无异。因此，可以用建设国际空间站时发射的次数和重量来估算。

国际空间站是一个重400多吨、具有近1000立方米内部空间的太空基础设施，经过十多次发射才组装起来。如果我们按每人仅30立方米的活动空间计算，20～30人的容量就意味着太空旅馆应该具备600～900立方米的内部空间。参考国际空间站，入轨的重量应该是250～360吨。按目前的发射费用，仅将其发射入轨就需要12.5亿～18亿美元。当然，目前有人考虑用充气式结构建设商业太空旅馆，可以大大节省费用，如果这种充气结构可以付诸实施，成本将会降低很多。

此外，还需要考虑在地面上的研发和建设费用，如果采用商业航天的模式，这个费用为每千克1万～5万美元，即一颗1000千克的商业卫星的研发费用是1000万～5000万美元。可见，研发一个250吨重的太空旅馆的费用为25亿～125亿美元。鉴于商业性质的太空旅馆重量虽大但复杂度不如卫星，取成本低端25亿美元，再加上运载费用就是约37.5亿美元。当然，这需要利用现有国际空间站的研发技术，而不是完全由太空旅游公司从头开始自主研发。

其他费用还包括地面控制和运行中心，以及相应的测控和通信设施费用，这些设施所需的费用通常占整个任务费用的10%～20%。

因此，如果设计寿命为15年，5年收回成本的话，40亿美元就需要每年收回8亿美元。分摊到每年1800名左右的游客身上就是44万美元。可见，如果游客需要在太空旅馆停留两三天的话，就需要再增加50万美元的费用。这样一个六七天的近地轨道旅游的费用就是150万美元。

根据前面对潜在旅游市场需求的分析，这样的价格是可以吸引第一批游客的。一旦游客的数量滚动增加，太空旅游市场就会实现可持续发展。当然，以上的估算都基本上是基于目前的报价，相信伴随着商业性质的太空旅游的发展，成本还会下降，报价也会逐渐下调，从而更早地实现盈利。

四、近地旅游与月球旅游在成本上的区别

从对后面第十一章和第十二章中关于旅游内容的分析可以看到，月球旅游比近地轨道太空旅游具有更大的吸引力。但是，从近地轨道太空旅馆再到月球旅店，所需建造的额外基础设施是递增的。

首先，可以仅仅建造一艘地月往返飞船，将游客从太空旅馆接走，乘坐一艘地月往返飞船继续下一段行程，飞往月球。如前所述，这艘地月往返飞船只飞行于地球轨道的太空旅馆和月球轨道之间，并不参与天地往返的游客接送任务。因此，它是可以反复使用的。这艘飞船的建造费用，即使采用商业开发模式，估计也不应低于数亿美

元，再加上发射入轨（一次性）的费用，应该再增加1亿美元左右。但是它的使用年限将会是5年甚至更长时间。为了减少风险，这艘飞船能够容纳的游客数量应该和天地往返载人飞船相同，即包括1名航天员和5名乘客。如果研制成本和发射费用平均分摊到5年中，每年应该为1亿美元，如果每次往返的航程是6天的话，每年可以往返最多60次，每次的成本就是170万美元，每名乘客分摊34万美元。再加上运行成本30%，特别是包括燃料的费用，每名乘客在进入近地轨道太空旅馆之外，如果还想增加月球旅行的行程，就需要再多付出50万美元，是天地往返与轨道太空旅馆旅游总费用的1/3，并不是目前有些公司报出的3倍于近地轨道太空旅游的价格。

为了给地月往返飞船加注燃料，以及使游客更好地观赏月球和从月球轨道回望地球，还需要建设月球轨道空间站。但是这个空间站的作用是供游客换乘和短暂停留，而不是像地球轨道上的太空旅馆一样为了居住，因此这个月球轨道空间站的规模可以较小，成本相应也较低。

成本最高的应该还是建造月球旅店，以及维持月球旅店连续运行的月夜能源系统。这部分的成本目前还不好估计。但是，相比仅仅到访近地轨道太空旅馆的行程而言，到达月面并在月球旅店停留的行程，费用应该是成倍增加的，并需要更长的研发和建设时间。

目前在政府航天设施的支持下，近地轨道太空旅游的报价是5500

万美元，月球轨道旅游的商业报价是多人单次1.75亿美元。但如果按12人均分，则是约1400万美元/人。如果以此作为参考，未来采用商业航天模式开发环月旅游，参照目前SpaceX的商业报价，有望降低到300万～500万美元/人，比现在基于政府航天设施的价格5500万美元的近地轨道旅游，具有更加吸引人的市场前景。

当然，月球旅店的建设也是逐步滚动发展的。如同地球轨道上的太空旅馆一样，其规模将为整个市场规模设定上限。无论如何，从起步开始，月球旅游的市场规模将是上百亿直至千亿美元的规模。

五、风险投资与增值收益

在以上的分析中，我们还没有考虑太空旅游企业初创时风险投资的作用，以及企业本身与整个太空旅游事业不断发展过程中的增值收益。

风险投资是新兴领域，特别是互联网与商业航天领域的初创企业获得资金的主要方式。可以参加太空旅游的商业航天企业包括以下领域：运载火箭、载人飞船和返回舱、近地轨道空间站或太空旅馆、高速数据中继通信、地月往返飞船、月球轨道中转站、月面无人往返飞船和载人往返飞船、月壤燃料提取、月壤资源就地利用、月球旅店设施建设、太空旅游运营等。风险投资公司人员往往由具有科技、金融知识和经验的专业人士组成，并拥有雄厚的资金来源，他们通过对行业发展的判断和对创业者人品与能力的判断，冒着很大的风险对初创企业进行投资，并通过占有少量股份与所投企业的增值盈利。他们并不参与企业的具体经营，仅仅是为企业提供资金方面和其他辅助性的支持。风险投资的获利方式，主要来自企业本身价值的增长。对于一个新兴的高技术领域，特别是承载着人类未来发展方向的太空旅游行业，其价值必然会不断提升。当然，这也与公司的经营情况密切相关。

太空旅游是一个开放的市场。在这个市场中，政府只起到政策制定、安全性与法律方面的监管作用。任何认真做事、全身心投入太空旅游事业的企业家，在这个市场中的发展机会都是均等的。因此，经过市场这只无形的手的挑选和推动，最后留下来的一定是价格合理、技术先进、服务周到的企业。

这些优势企业，前期通过风险投资的支持，后期通过公开上市，就可以获得所需的资金。由于企业的升值，这些投入的资金作为股份也会获得升值，从而不但能够收回成本，还能获得可观的收益。可见，完全无须等到 5 年、8 年甚至 10 年待利润完全覆盖全部投入才能实现资金平衡，而是伴随着企业的增值，后期投入不断地代替前期投入，企业通过自己提升的价值，不断地回报先期进入的投资人，并不断得到滚动资金的支持，使企业获得可持续发展。

由此，我们预期未来的太空旅游价格会根据太空旅游设施的接待能力和容量上限，以及市场的需求确定合适的定价，而不会是通过上面分析中的利润与成本平衡得出的价格。所以，未来太空旅游的价格应该会越来越贴近大众能够支付得起的水平。

第十章　风险分析与规避

　　2006年，我随国家航天局的一个代表团访问NASA总部，在通向局长办公室外面的一个长长的楼道两侧，挂着"挑战者号"和"哥伦比亚号"航天飞机14位失事宇航员的照片。NASA的最高领导人每天在走进办公室的时候，都要和这些已经牺牲的宇航员的目光相会，他们时刻在提醒领导人载人航天的安全是多么重要。

　　从政府航天的角度来看，任何失败都是对纳税人的"犯罪"，是对国家财政经费管理的失职，是不能原谅的。因此，不仅仅在中国，世界上所有国家的政府航天任务都始终强调万无一失，这个要求贯穿于政府航天任务的始终，特别是载人航天任务。这也是政府航天任务的成本居高不下的最主要原因之一。然而，对于商业性质的航天任务，甚至是涉及人的生命安全的太空旅游项目，关于安全性的考虑和容忍度是不同的。这是因为商业性质的航天无须对所有人负责，只需对付费的客户负责，客户如果愿意承担一定的风险，商业航天的从业者，也就是研发和经营者就需要从这个角度考虑问题，并根据客户的总体需求，降低成本，提高效率，采取更为合理的方式来规避风险，而不是一味地追求高指标和不计成本的万无一失。

一、民用航空与太空旅游

在我们讨论商业性质的太空旅游的风险的时候，可以对比考察一下民用航空业在刚刚起步的时候经历了什么。

世界上第一家商业性质的航空公司成立于1914年1月1日，是美国的布兰尼夫国际航空公司。现存的仍然保持其名称的最早的航空公司是荷兰皇家航空公司（KLM），它于1919年成立，已经有超过100年的运行历史了。目前全世界每分钟就有数百架飞机在起飞和降落，有超过1万架飞机在空中飞行，发生空难的情况有时每年还不到一次。但是如果我们倒回去100年，就会发现空难发生的概率要高很多，甚至许多我们耳熟能详的名人都是因空难离世的。那为什么商业性质的航空还会持续地发展起来呢？

这是因为乘客有需求，他们明明知道有风险，但是仍然愿意买票，并愿意承担这个风险，这就是所谓的市场机制。当时甚至直到现在，航空技术也无法做到万无一失，但是人们依然自愿承担风险来使用这种旅行方式，无形中就支持了这个技术和市场的可持续发展。当你坐上一架大型客机环顾机舱中的乘客时，会发现有相当一部分，如果不是50%的话，也应该有超过30%的乘客是前去某地旅游的，其余的乘客才是公务旅行或者探亲访友。实际上，探亲访友的旅客也是某种程度上的旅游乘客。

我们面临的太空旅游市场与此非常相似。有那么一批人，他们想离开地球，到太空中去看看，甚至想到月球上去看看，并从那里回望我们的地球。他们宁愿支付高昂的票价，愿意承担发射失败、密封舱被空间碎片击中漏气、空间天气事件发生时的高能粒子辐射对生命带来的危害等极小概率的风险，义无反顾地想进入太空。为了满足他们的需求，太空旅游的从业者在确保安全的前提下，努力将成本降低，帮助这些游客实现梦想，并告知各位游客他们已经全力以赴做了，但是仍然存在风险，是否还想去？他们从游客那里得到的回答往往是：是的，我们知道这些风险，愿意承担风险，我们想去。

可见，万无一失并不是这里的最高原则，一种安全性、成本、效率和顾客满意的综合效益，才是最高原则。当然，对于失败的风险，从业者也是需要承担的，就如同民航客机的飞行员不允许跳伞一样，他们必须和乘客共存亡。

二、技术风险之外的风险

除了技术风险以外，还需要考虑游客在太空旅游过程中因身体出现不适带来的风险。为此，太空旅游的经营者必须对游客的身体，包括生理和心理两个方面的状况进行全面检查，以确保在太空飞行中不发生意外。

生理上的风险主要是考虑游客能否适应起飞时的超重力，以及入轨后的零重力生物效应。在超重力下，人的全身血液循环受到重力影响会出现回流困难，因此，我们可以看到起飞时，航天员都是在座位上呈仰卧状，尽量避免在加速度方向上竖直站立导致血液无法回流。在零重力下，由于血液回流太容易，游客会出现头部充血的现象，因此，起飞前对游客生理上的筛选，主要是查看其心血管系统是否符合起飞要求。

心理上的风险主要是考虑游客在狭小的空间里能否与他人融洽地合作。空间站或太空旅馆中的空间狭小，所有游客都必须采取合作的态度。可以想象，在那样狭小的空间中如果出现一个无理取闹或情绪失控的人，对其他游客体验的影响会有多么大。

通常情况下，集中一段时间进行地面训练可以对有潜在问题的游客进行筛选。然而，俄罗斯加加林宇航员训练中心对2001～2009年国际空间站的自费到访者进行了平均长达6个月的训练，这个时间对太空旅游者来说太长了。因为太空旅游毕竟不是为了培养航天员，因此对游客的生理和心理训练应该设立新的标准，力争在最短的时间内对游客进行判断、筛选和必要的培训。此外，在太空旅馆中准备必要的治疗和应急方案也是必要的，游客在出发前需要认可这些紧急处置的必要性，以及给予组织者做出处置的授权。

三、风险的规避

在商业性质的航空业中，对发生飞机失事事故风险的规避，主要是通过购买商业保险。因此，太空旅游业可以通过购买商业保险的方式，来规避潜在的和不可避免的风险。这一点与其他类似的冒险旅游项目，如蹦极、跳伞等风险体验类项目是一样的，需要游客在参与前签署告知书，并购买各种所需的保险。

通常，非载人的航天领域的保险额的计算依据主要来自近期航天发射的成功率。如果在最近连续10年中，航天发射的成功率都很高，比如超过99%，即发射100次只有1次失败，则保险费率大约等于发射任务成本的1%。同理，如果近10年航天发射成功率不高，只有90%，即每发射10次就有1次失败，则保险费率就会按发射任务成本的10%来收取。

对太空旅游而言，可以参考这个比例，从游客对人身投保的总和抽取类似的百分比，形成其中对发射风险的保费。对于其他风险，比如空间碎片、太阳爆发等发生概率极低，或可以提前预报或规避的风险，其保费的百分比可以大大降低。

本着对所有游客负责的态度，太空旅游公司不应该接受不投保的游客。因此游客支付的票价中，就应该包括最低限度的保险费。在此之上附加的保险费，可以由游客根据自己的情况自行选择。

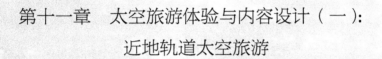

第十一章　太空旅游体验与内容设计（一）：
　　　　　近地轨道太空旅游

　　太空旅游是一种特殊的体验，同其他旅游一样，也需要对内容进行设计。内容设计得好，就可以使整个行程变得非常有意思，没有去过的人想去，去过的人还想再去一次。内容设计得有知识，就可以使游客获得意外的收获，学到很多没有去过的人学不到的东西。内容设计得有深度，就可以净化人的心灵，改变人的观念。在这　章，我们将讨论作为太空旅游的组织者，应该给游客设计什么样的行程，让其参与什么样的活动，使其能学到什么知识，乃至获得什么样的感悟，才能使参加太空旅游的游客的心灵得到净化，精神得到升华。

一、地面训练与筛选

　　太空旅游起步于在地面上的训练。虽然游客在太空中没有任何工作任务，不承担任何职责，但是由于人体在离开地球时以及在轨道上必须要经历与地球表面不一样的环境，如果游客在生理甚至心理上无法适应这个环境，到轨道上后才发现并无法挽救，则无论对游客本身还是对周边其他人都会带来影响。因此，地面训练的目的，一是要提升游客对即将经历的新环境的适应能力；二是要尽早筛选出那些大概率上无法适应太空环境的人，并规劝其终止这次旅行，以免在启程之后再后悔，那时候一切就都来不及了。

也许有人会说，难道不是所有人都能承受太空环境吗？如不是，那今后人类如何才能走出地球摇篮呢？这是一个非常重要的问题，人类在已经经历过的近200万年的进化过程中，已经逐渐从适应陆地生活到可以长时间在海上生活，并正在过渡到向太空延伸，但这是一个很漫长的环境筛选过程。也就是说，那些不适应环境变化的个体，早已逐渐在这个过程中被淘汰掉了。走出地球摇篮，自然也不是十年或二十年可以做到的事情，而是也许需要100年到数百年的努力才能实现。因此，经过多次筛选，那些可以适应重力变化、承受微重力环境的人，必然会逐渐脱颖而出，成为最早走出地球摇篮的人。

因此，除了学习必要的太空背景知识和基本技术知识外，地面训练最重要的目的，就是要克服离开地球后对游客的身体和心理带来的影响。其中，生理上需要训练和筛选的就是如何适应太空眩晕的问题。

太空眩晕和晕车、晕船的机理有很大不同。因此，经常晕车、晕船的人不一定就会出现太空眩晕；相反，不晕车、不晕船的人不一定不出现太空眩晕，比如很多航天员都曾经是飞行员，具有很强的耳蜗平衡能力，但是到了太空之后，仍然会出现太空眩晕。晕车、晕船是因为耳蜗内的液体在一个人的身体姿态发生持续的意外变化时出现的反应。发生太空眩晕的主要原因是内耳中一个微小的钙化晶体——耳石（或叫耳沙）的异常反应。头部加速度的变化会使得耳石晶体上大约两万个神经元凸起，或叫作毛状纤维发生弯曲。在地球表面，这些毛状纤维由于耳石的自重而弯曲，帮助大脑判断出上和下的方向。这个功能如同一个高度敏感的加速度计，为大脑提供关于运动方向的持续的信息。在微重力环境下，由于作用在耳石上的重力没有了，就给大脑发出一个就像人正在摔倒的信号。但是你的眼睛告诉你，你并没有摔倒，通过你和太空舱舱壁的关系就可以证明你不是在摔倒，结果就是你会感觉到失去了对上、下方向的判断，甚至无法判断你的手臂和腿在哪里。最严重的生理反应就像是你吃了反胃的东西，想马上将它吐出来一样，甚至出现喷射式的呕吐。

然而，这种症状一两天后就会消失。你的身体会不由自主地放弃接受耳石上的毛状纤维带来的信息，而仅依靠眼睛告诉你位置信息，使你可以自主地掌握身体的位置和方向。经验丰富的航天员可以很快调整自己，马上判断出自己已经处于微重力环境下，不再过于关注耳石上那些找不到方向的毛状纤维给大脑传递过来的信息。在地面训练过程中，最主要的也就是要培养这种能力。那些无法适应这种变化的游客，可能在这个阶段就会被劝说放弃太空旅游。

此外，地面上的生理筛选还包括不允许患有高血压和心脏病的游客参加太空旅游。心理筛选和其他从事重要职业，以及需要人与人之间密切合作的职业的筛选方式，并无明显区别。

二、起飞

当游客穿着航天服，坐到了即将起飞的天地往返飞船的座位上，系好安全带，他的心情必然会非常兴奋和紧张。因此，这是一个开展发射安全教育的绝佳机会。尽管在培训的时候一定都讲过一旦出现发射事故的逃逸程序，但在这个时候再次重申，一定可以令游客更加牢靠地记住。因此，在这段等待的时间中，应该再次重复每个逃逸程序的细节。这个安全教育也是帮助游客稳定情绪、增强信心的过程。让他们知道，一切特殊情况都在考虑之中，即使出现问题，游客的生命安全也是完全有保障的。之后是倒计时、点火，然后就是起飞。

火箭巨大的动力，伴随着震动、噪声和超重力的感觉，这是太空旅游中非常刺激的一个过程。游客作为旁观者都参观过火箭发射，但这次是自己坐在火箭上，亲身体验着数百吨重的火箭慢慢地离开地面，加速，直接感受到自己正在获得火箭给予的能量，逐渐离开地球表面，达到第一宇宙速度。尽管身体深深地陷入座椅中，血液似乎就要停止流动，但是兴奋和激动依然占据着他们的全部注意力。这个时刻，最好不要播放任何广播和注意事项，让游客全身心地体会巨大加速度带来的快感，以及在一、二级发动机工作交接的间隙那片刻的、像坐过山车一样的失重感觉。这必会使他们终生难忘。

在这个过程中，游客可以学习的知识点包括：地球引力、万有引力、速度与加速度、第一宇宙速度等。

三、在轨道上

一旦最后一级火箭发动机关机，整艘天地往返飞船就处于微重力环境中了，这也标志着飞船已经进入了围绕地球旋转的圆轨道。虽然在地面的训练中也做过类似的模拟，甚至有些游客在太空旅游之前还搭乘过微重力飞机，体验过短暂的微重力环境，但这些模拟环境都不能和太空中的微重力环境相比，这个微重力环境是持续的。

在开始阶段，除了前面提到的耳内平衡系统会出现短暂的不适应外，人还会不可避免地感觉到全身的血液往头上涌，这是因为失去了重力，心脏的动力仍然强劲地把血液送往全身，就如同还在地面上有重力一样，需要很高的血压将脚和腿部的血液克服重力送回到1米多高的心脏，甚至头部。但是在太空这些都不需要了，经过短暂的适应，心脏的功能将逐渐减弱。这种头部充血的感觉和平衡系统失常一样，会在一两天内逐渐消失，这也是为什么游客在太空旅馆停留的时间最好不短于两三天，以便在初步适应并充分享受了太空的奇妙之后再返回地面。

可以在微重力环境下体验与地球上日常生活方式的不同，如吃饭、睡觉和上厕所。大家应该在很多照片或视频中看到过，微重力环境下的食品通常需要密封包装，使其不易零散地飘入空中。饮料也是用吸管吸，而不是人直接用瓶子喝。睡觉则是不分站着还是躺着，一律将自己用安全带捆绑在舱壁上，以避免熟睡后到处飘浮。洗澡是一件非常困难的事情，对于长期生活在空间站内的航天员来说，这是一项必须要面对的事情。但对于只在空间站停留几天的游客来说，也可以体验一次。洗澡需要在一个隔间里进行，这不仅是因为隐私，更因为要避免水滴扩散到空间站内其他各处。淋浴之后，需要将身体擦干，并使用吸水装置将全部水滴吸走。最为复杂的是大小便。为了能在空间站上更为方便地上厕所，各种超级昂贵的太空马桶已经问世了。其最主要的工作原理就是用负压将排泄物迅速导入管道，进入循环系统或经无害处理后，释放到太空中。

除了日常生活内容之外，太空旅游内容的设计者，一定要为游客设计各种娱乐项目。比如，游客可以在太空旅馆工作人员的指导下在空中释放水滴并令其飘浮在那里，凌空翻跟头，相互抛、接物体，以及在通道中飘行等。相信伴随着太空旅游的发展，各种新奇的活动定会层出不穷，如打乒乓球、钻圈等。

在这个过程中，游客可以学习的知识点包括：物体的重量和质量的不同，向心力与离心力，液体的表面张力，人体血液、肌肉和骨骼在微重力环境下的变化等。

四、太空旅馆

在各舱段空间全部连通的轨道空间站上停留两三天，对于游客而言并不是理想中的太空旅游，而更像是体验一下国家任务中航天员的工作环境。真正的太空旅游，应该是在太空旅馆中有自己的房间，有自己的隐私，从房间内的观景窗欣赏地球。为此，世界上很多公司开始设计可以在微重力环境下使用的"双人衣"，其在地面上的用处不大，但在太空中的用处很大，可以让夫妻两个人穿上连在一起且具有弹性的衣服，在两个人出现相互远离的飘浮运动时，可以产生恰当的反作用力，将他们再次弹回到一起。

五、观赏地球

近地轨道的太空旅馆如同当前的国际空间站一样，一定会设有专门的观景窗，甚至在每个房间都设有大观景窗，游客可以随时观赏脚下快速掠过的地球的美丽风景。太空旅馆环绕地球运行的速度为九十多分钟一周，在这一圈中，游客就可以看到地球上的昼夜变化一次，看到太阳在地球后面升起和落下。当然，裸眼直视太阳还是不可能的。在太空中，由于没有了大气的滤波作用，太阳光会变得更加明亮和刺眼。与看太阳不同，可以在数百千米高的轨道上看地球大气层非常壮美的景色。那一层薄薄的大气层，覆盖在明显具有曲率的地球表面，特别是在太阳升起之前和太阳落下之后，大气层被太阳光从后面照亮的时候。如果幸运的话，还有机会看到美丽的极光。得益于网络的发达，目前地面上的观众可以通过网络看到在空间站上拍摄的视频，甚至是24小时的实时视频直播。但是这与亲自置身于太空观赏地球的美景还是有很大的区别。特别是当游客从自己的祖国或居住的城市上空飞过的时候，心情一定非常不同。那里有他爱的祖国和亲人。因此，这个旅游内容一定要设计到行程当中，并且把它作为整个行程的亮点来安排。

在轨道上看地球的夜侧，看到的是地面上的灯光。那些超大城市的灯光非常明亮并覆盖着更大范围的城市郊区。遇到有雷雨的区域（这种天气往往总是存在的，不是在这里就是在那里出现），游客可以看到不断出现的闪电的光亮。那些闪电不但本身非常亮，还能将它周围的云层照亮，因此可以非常容易地辨别出来。就在游客还没来得及仔细欣赏它们的时候，飞船就又到了阳光普照的地球白天一侧了。

这里可以学习的知识点包括：大气层、电离层、地球磁场、闪电、大陆板块和海洋，以及很多关于地球物理的知识。

六、与亲友通话

在太空与亲友通话，是另一个必须设计在行程之中的项目。无论太空旅游达到了多么普及的程度，花费数百万元人民币进入太空，也许仍然是很多人一生只能经历一次的事情。因此，在太空中与亲友通话，与他们分享当时的感受，是非常重要的。当然，如果能够实现视频通话，就更完美了。

由于整个太空旅馆通信能力的限制，在免费安排的通话时间之外，如果还有额外的通话特别是视频通话的需求的话，应该通过付费的方式来安排。这是因为，围绕地球高速旋转的太空旅馆无法随时随地地同地面直接保持联系，即时通信都是通过其他通信卫星中继到地面上的。这个链路的通信无须太空旅游公司自己建设，完全可以购买其他数据中继通信公司的服务。

这里可以学习的知识点包括：无线电和激光通信、中继通信、通信的数据率、图像和音频是如何调制到电磁波上并解调还原的。

七、出舱行走

在近地轨道太空旅游中安排出舱行走项目比较难，并具有一定的风险。首先，出舱行走需要经过气闸舱，也就是需要先进入一个密闭的过渡舱中，穿上舱外航天服，并开始减压，待空气被完全抽走排空后，打开舱门出舱行走，之后再回到气闸舱中，关上舱门，将舱内的气压加压到一个大气压后，再脱掉舱外航天服，回到空间站内部。整个过程需要耗费较多的时间和能量，且每次出舱都需要一名工作人员陪同，成本较高。参与这个项目的游客需要单独支付费用。目前，如果游客想在政府建造的国际空间站上进行舱外行走，需要再多支付

1500万美元的费用，约占整个太空旅游费用的1/4。

在舱外，工作人员或者我们称为一对一的太空导游，需要随时关注出舱行走的游客的安全。因为在轨道上，任何推向空间站的力，都会反作用到游客身上，使得游客飘离空间站，飞入太空。一旦此种情况发生，游客在空空的太空中没有任何获得返回空间站的着力点，无法像在游泳池中那样，通过划水返回到空间站，结果就是将自己永久地留在了轨道上，直至舱外航天服携带的少量氧气和能源耗尽，生命终止，成为太空垃圾。因此，在太空行走时必须随时保证有一条安全带，通过挂钩挂在空间站表面的扶手或其他挂钩环上。这个安全带还能保证游客身上的电位与空间站表面的一致，以避免静电放电。与其一同出舱的导游的职责就是确保游客不会飘入太空成为太空垃圾。

当然，还有一种自带动力的航天服，其可以通过喷气，使游客自行再飞回空间站。但对于一名非专业的游客来说，最好还是不要驾驶这样的动力航天服，以免出现意外。因此，舱外行走项目只安排无动力舱外航天服的行走即可。

太空行走项目只能安排在游客已经适应了微重力环境之后，而不能安排在游客仍然处于太空眩晕状态的阶段。因为发生在舱外航天服内的呕吐，会带来非常麻烦的后果。

在进行舱外行走项目的过程中，可以学习的知识点很多，包括：气闸舱的工作原理、舱外航天服的设计和功能、空间站外的太空环境等。

八、返回

从近地轨道空间站返回，也是非常激动人心的过程。经过数天的太空旅程，就要返回地球母亲的怀抱了。游客从太空旅馆或空间站，再次进入天地往返飞船。飞船与空间站分离，等待进入大气层的窗口，反推火箭启动实施减速，进入与稠密大气摩擦产生大量等离子体的"黑障"区，飞船剧烈地抖动，舷窗外是红色的火光，这时通信会中断几分钟。然后先是引导伞打开，之后是主伞打开，一旦主伞打开，所有震动就会停止，返回舱如同落在了母亲的怀抱之中，一切都变得平静了，重力也使得本来已经适应了微重力环境的游客再次想起了地球重力的作用。在整个返回的过程中，也是无须安排任何广播，让游客仔细体会返回的过程是最好的旅游内容。

在返回舱触地的那一刹那，所有游客都会感觉重重地落在了座椅上，全部身体的重量变得不可思议的重，并紧贴在座椅上，想抬起身来都很难。需要30分钟到1个小时的重力再适应过程，让心脏的功能再次恢复到能够将血液从脚下提升到心脏甚至头部。慢慢地，游客在驾驶员的指导下可以移动身体，并起身。这时返回舱外已经聚集了迎接游客返回的工作人员和游客的亲属们，工作人员会从外面打开舱门，将游客顺序搀扶出舱，并安排在座椅上抬进摆渡车。到此，太空旅游的行程就圆满结束了。

在返回阶段，可以学习的知识点包括：大气层、黑障、高温燃烧、降落伞、气象、主着陆场、副着陆场、重力再适应等。

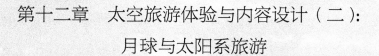

第十二章　太空旅游体验与内容设计（二）：
月球与太阳系旅游

　　到太空旅游绝不仅仅是为了体验微重力环境，实际上，微重力环境只是我们到太空去旅游不得不经历的一个过程，真正意义上的太空旅游则是到另一个天体上去。距离我们最近的天体自然是月球，所以本章我们主要讨论到月球旅游的主要内容和设计问题，然后对到太阳系内其他行星及它们的卫星上去旅游的内容进行展望。

一、地月旅行

　　在体验了近地轨道的太空旅游之后，人们必然是向往能走向更远的太空，那下一个目的地就很可能是月球。

　　从地球到月球需要飞行38万千米。根据目前飞行器的加速能力，最合适的飞行时间是两三天，因此月球旅游必须考虑这两三天的旅游内容，而不是让游客在飞船中白白等待两三天。

　　旅程开始，渐渐远去的地球，就会给人带来无限的遐想。由于飞船中游客的座位是分散布局的，因此舷窗的位置也是朝向不同的方向。为了便于游客观景，飞船应该以飞行方向为轴慢慢地自旋，确保每位游客都可以有观看不同方向景观的机会。通过飞船的自旋，每位游客都可以看到地球家园逐渐远去的景色。这时，由于距离地球还比较近，我们可能还没有已经离开她的特别感觉。

　　但是，当我们逐渐能够看到整个地球的时候，即地球在我们面前不再是其中一部分而是一个完整的星球的时候，我们一定会有一种强烈的震撼。由于我们还不能持续地观测她，而只是时而看得见时而看不见她，因此我们可能还体会不到地球在那里自旋。但是如果当我们看到她的时候，正巧是我们自己的国家朝向我们，无论那里是白天还是黑夜，我们一定可以分辨出自己居住的城市所在的位置。

　　此时，飞船已经没有了地球的遮挡，置身于行星际之中，太阳就总是会照射到飞船的一侧。为此，飞船慢慢地自旋也是为了确保外侧因太阳照射的加温变得更加均匀。那么，当游客的舷窗朝向太阳一侧时，舷窗必须具有自动的滤波功能，使得强烈的太阳光不会对游客的眼睛造成伤害。此时，如果再为游客准备一副墨镜，就可以为其提供一个观测太阳和普及与太阳有关知识的绝佳机会。

　　当舷窗转到另一侧时，游客看到的是黑色的宇宙，那里繁星灿烂，银河比在地球上任何地方能观测到的样子都更加清晰。这时根据轨道的位置，可以通过地月往返飞船上的广播告诉游客五大行星的位置，以及其他相关天文知识。

其实最重要的，还是回望地球和遥望月球。在整个两三天的旅途中，飞船将会逐渐远离地球，由于奔月的轨道在一定程度上还是要围绕地球旋转，因此根据阴历日期的不同，即月球与日、地关系的不同，地球被太阳照亮的那一部分也许只有一个月牙状，或许也有大部分被照亮。同地球一样，这时的月球也可能只是一部分被阳光照亮。如果这时正值阴历十五前后，游客将非常幸运地在奔月的过程中看到一个满月，但看到的地球将只是一个窄窄的"月牙"，或叫"地牙"。因为这时飞船正好就在地球和月球之间，太阳则在地球的另一侧，游客在飞船上看到的地球，就一定是在明亮的太阳光背景前的那个地球的夜侧。

我们更倾向游客在从月球上提取燃料的技术取得突破之后再去旅行，因为地月往返飞船这时会以0.1～0.16地球引力的加速度在前行，游客的座位可能会被调整为其上下方向与飞船飞行方向相同，只有这个方向可以使得重力加速度的方向是向下的。游客可以如同在地面上一样，在小桌板前吃饭和喝水，尽管重力很弱，但是足以让生活变得比在微重力环境下更加容易。

在奔月的过程中，可以学到的知识点包括：地月关系、太阳、五大行星、银河系等。

二、环月旅游

地月往返飞船将在后半程调转飞船的方向减速飞行，并最终被月球引力场捕获，进入环月轨道。这时，游客可以近距离地欣赏月球。从舷窗外面飞过的，将是大小不一的灰色环形山和颜色更深的平静的月海。虽然叫作月海，但是其实"海"里并没有水，而是均匀的月壤，它对光的反射率很低，因此看上去颜色更深一些。这里是其表面形貌数亿年都没有改变过的另一个天体，虽然它是地球的天然卫星，属于地球系统的一部分，但是它的形貌和物理性质都与地球大不相同。当飞船飞越太阳照亮的月球一侧时，月面呈现高度反差的景象；当飞船飞过月球的黑夜一侧时，月面几乎就是漆黑一片，如果这时的月球恰好处于地球和太阳之间，从地球反射回来的太阳光也会将月面照亮。

在环绕月球飞行的过程中，游客一定不要错过的一个景色，就是随着飞船在轨道上的移动，蓝色的地球从月面上冉冉升起的那一刹那。这个景色被称为"地出"，对应着地球上的"日出"。我们在地球上为什么总喜欢看日出呢？因为太阳给万物带来了能量和生机，为人类生存提供了源泉，日出带来光明，是新的一天的开始。在月球上"地出"时，游客会突然意识到，那个正在升起的天体，就是自己的家园。地球是那样美好，她代表着生机、文明、智慧与和平。因此，这一定是环月旅游的高光时刻。当然，与此类似的，还有"地落"的景色。

如果这时的月面着陆旅游已经成为常态，那么环月旅游可能就是在月球轨道中转站上的活动。地月往返飞船与月球轨道中转站对接，带来将要去月球的游客，接走刚刚从月球表面乘坐月面往返飞船到达的回程游客。

在这个阶段，可以学到的知识点包括：月球的起源、月球地貌形成的历史、月球的其他物理参数等。

三、月面旅游

再过10年，也许不用20年，在太空旅游滚动发展起来之后，人类到月面旅游的梦想一定可以实现。因此，现在就对月面旅游的体验和内容做一些设想是非常必要的。跳过"阿波罗"宇航员所经历的那些场景，我们一步跨越到游客进入了密封的月球旅店中的体验。

首先，我们设想一下游客如何在1/6重力下行走。因为是在密封的月球旅店内部，没有舱外航天服的羁绊，所以游客可以尽情地体会在月球上行走的感觉。这听起来简单，但实际上是一件非常复杂的事情。这是因为，在月球上，虽然重力减小了很多，只有地球上的1/6，但是游客身体的质量并没有发生变化。也就是说，当身体做上下运动时，会有很大差别；但由于身体的质量没有变化，在做水平运动时，比如转身所需要用的力仍然需要做同样的功。这对习惯地面上重力的游客来说显然是不适应的，特别是做伴有跳跃和转身的动作时就更为不同。很多人会因为不适应，但又急于体验而摔倒。注意，这里是"摔倒"而不是"摔伤"。

其次，月球旅店的建设必须考虑到游客回望地球的需求。如果密封的月球旅店是地堡类型的，没有观景窗，游客只有穿着舱外航天服到室外行走时才能见到地球，那这样的月球旅游的效果就会大打折扣。最好的方式是在每位游客的房间内都装有能看到地球的玻璃窗，使游客可以自由地观赏地球。如前所述，旅店的位置需要设计得当，观察地球时的视角要合适，不能太高也不能太低。

最后，就是通信。如果游客能够在回望地球的同时，还能和自己的亲友连线通话，哪怕只是语音而不是视频，也是非常重要的。当然因为距离的原因，这时通信的时延单向就是1.3秒，所以如果双方配合不好，可能需要等待3秒才能得到回应。在通话的过程中，游客会充分感受到，在那个蓝色的星球上，就有自己的亲友，虽然彼此相隔38万千米，但仍然可以相互联系。这个项目应该是对所有游客免费开放的。当然免费的时长可以有一定的限制，超过部分需要游客自己付费。

月面上的舱外行走是非常诱人的项目，但是需要消耗额外的能源和资源，因此可以设计成附加项目。身穿舱外航天服行走在月面上，并搭乘由导游驾驶的月球车进行游览，游客可以体会到20世纪"阿波罗"宇航员第一次登月时的心情和感受。游客的脚下，就是数亿年都没有被打搅过的月海，那样的历史感，曾经被与尼尔·奥尔登·阿姆斯特朗（Neil Alden Armstrong）一同登上月球的，"阿波罗11号"宇航员巴兹·奥尔德林（Buzz Aldrin）如此描述："荒凉，因为它那亿万年久远的、毫无生命活动的景象。"[①]

　　当你站在那里，背对着月球车以及其他游客和导游，面前只有未经触碰的古老和苍凉的月面，你会想到什么？就像奥尔德林说的，你想到的将是人类的伟大，你会追问自己作为人类，此时此刻你是如何站在这里的？当然如果这时地球就在你面前，挂在半空中，你会感受到与从室外回望地球时截然不同的心情。在这里回望地球，地球的生机和月球的苍凉之间的对比会更加强烈，更加激发你产生对地球的怜惜之心，以及作为人类保护好地球的责任。

　　根据月球与日、地之间的关系，月面旅游会受到月日和月夜不同时段的能源的限制，且呈现在游客面前的地球景色也会不同。月日时，太阳和地球会逐渐运行到同一方向上。在月球的正午，游客几乎很难看到地球，不但是因为地球面向月球的是其夜侧，还因为背景中有明亮的太阳，游客根本无法看到地球。除非在特殊的天文时刻，也就是在月球上看日食，由地球遮挡太阳的日食。发生日食时，是观测地球的极佳时机，地球的大气层将会给我们留下深刻的印象。在月夜时，地球将向游客呈现出最美的景色。进入月夜，地球被太阳照亮的部分会越来越大，渐渐地，当时间来到月球的子夜时，也就是地球上

---

　　① Scholastic 网站学生于 1998 年 11 月 7 日采访第二个登上月球的人巴兹·奥尔德林。具体可见：http://teacher.scholastic.com/space/apollo11/interview.htm.

的阴历十五前后两天，地球将出现全部被太阳照亮的景色，或可称为"满地"。这是从月面上回望地球的最佳时刻。地球的直径是月球的3.67倍，在月面上看到的完整的地球，也要比我们在地球上看月球大3倍多。没有阳光的月面，这时也会被地球反射来的太阳光照得通亮。

在月面，可以学习的知识点很多，主要包括：弱重力、重量和质量的不同，日、地、月的天文位置关系。特别需要指出的是，在这里，游客可以尽情地体验地球作为一颗行星的意义，以及人类对地球的责任，领会太空给人类带来的启示，思想获得升华。

四、未来的太阳系旅游

整个太阳系中，除了月球外，还有很多非常值得去的旅游目的地。人类是太阳系中唯一的智慧生命，对太阳系的开发和利用持有"特权"，但与此同时，保护好它也是我们的责任。

人们最先想到的大概率是火星，并正在推动火星移民。我认为更合适的说法应该是火星旅游，而不是火星移民。当然，想去旅游就需要建设必要的基础设施，比如燃料的提取，以及具有生物循环功能的密封居住舱等。这也许可以称作是火星移民的基础设施，但是移民不是最终目的，在那里短期甚至中长期居住的首先应该是建设、运行和维护这些基础设施的工作人员。他们完全可以采取轮换制，部分时间在那里工作和生活，部分时间返回地球生活。如果这些工作人员也被称为"移民"的话，那么他们应该具有在那里自主生产和生活的能力。而实际上，至少在开始的几十年中，他们的经济来源，主要还是为了服务于地球人的太空旅游。因此，他们也就是太空旅游经济的一部分，还不能算是真正的火星移民。

人类为什么要去火星旅游？这完全是由于人类对自然的好奇心，对整个太阳系的拥有感，以及对体验人类在太空中的责任的渴望。火星上既有广袤的类似于地球的地貌，又有不同于地球的自然风光。在深深的峡谷底部，白天的温度甚至可以升至零上。虽然游客仍然需要背上氧气瓶，并戴上头盔和面罩，但也许可以穿上更为合身的室外火星服，而不是像在太空中穿着的那种高度保温和充气的航天服。那里的高山的高度可以远超珠穆朗玛峰，高高地耸入天空。在那里，你似乎就可以读出数十亿年前火星地质活动的波澜壮阔。在那里，你可以遐想如果我们不珍惜地球家园，地球的未来将会变成什么样子。

火星之外的太阳系，还有更为壮观的天体景色，那就是在木星的卫星上欣赏巨大木星的升起与落下，以及木星上的大红斑及浓密大气的运动。在木卫一上，游客可以观看活火山如喷泉般的爆发。在木卫二上，游客可以在冰封的表面上滑行，可以倾听来自冰封海洋深处传来的声音。

在木星之外更远的地方，游客可以穿越组成土星巨大光环的碎石小天体带，那些小天体此起彼伏地从飞船周围划过。游客还可以降落在土星的卫星表面，欣赏巨大的土星及其光环的升起和降落，甚至在土卫六那液体甲烷的海面上泛舟。

　　随着人类在太阳系中获取资源和燃料技术的提升，飞向太阳系深空的飞船一定是可以做到持续加速的，确保处于长距离飞行中的游客生活在一定的重力环境而不是微重力环境中。而随着太空生物学科学和技术的发展，这样长距离的飞行也一定会使游客随时都可以品尝到不同口味的美食。如果飞行的时间还是太长，比如需要几个月甚至数年，未来的技术可以做到使人类进入生物休眠，以度过漫长和难熬的旅行时间。

　　如果上述技术都能够实现，那么，我们距离走遍整个太阳系，并欣赏其美景的旅游还远吗？

第十三章　当务之急

　　从2001年第一位访客进入国际空间站到现在，太空旅游已经开展
20年了，人类的大部分努力还都在打基础，主要体现在：吸引投资，
建立更多的私营航天企业，并通过承担部分政府航天任务，获得已有
技术，快速提升能力，维持生存；建立不同于政府航天的新航天研制
和试验体制，提倡创新，容忍失败，降低成本，提高效率，甚至通过
不断试错来加快掌握新技术的步伐；技术突破的重点则主要放在降低
进入太空的成本上，重复使用发动机成为最主要的探索方向。另外，
人类还创作了大量科普、科幻作品，激发青年一代对进入太空的想象
和期待，传播大量相关科学知识，培育热爱太空的下一代。

　　这些努力已经取得了显著效果，人们对太空旅游的实现越来越充
满信心。本章将讨论当前和今后一段时间最需要做的工作内容。

一、进一步降低天地往返的成本

如前所述，目前进入太空的成本仍然在每千克3000～4000美元。对于一个平均重量为70千克的游客以及相关给养和支持重量可达100千克的需求来说，这样的发射成本仍然在30万～40万美元，还不包括返回地球的费用。因此，需要进一步大幅度降低成本。

降低成本主要有以下几种方式：重复使用火箭发射机，包括第一级、第二级，使得全部发射装置可以复用；将起飞阶段的加速机构和动力尽可能地留在地面上，降低复用的风险和成本，比如使用电力的磁悬浮与化学燃料结合的辅助起飞装置等；用降落伞回收二级火箭的发动机；加大火箭的推力，提高起飞的重量，降低每千克发射费用的平均分摊费用。但是对于载人太空旅游而言，伴随着每次起飞的人数增加，风险也一定会加大，这需要平衡考虑。

目前最为看好的技术方向有两个。一个是美国维珍银河公司的空射加返回式飞船的方案，这是一个所有设施全部都可以复用的方案。唯一的缺陷是动力还不足以达到第一宇宙速度，无法进入轨道，只能作为临近空间旅游项目。

另一个技术方案就是 SpaceX 公司的星舰（Starship），每次载人数量达到100人，并联使用的发动机数量增加到三十多个，并在起飞后可以全部回收。此外，为了将多级火箭减少为两级，并提升进入轨道的星舰载人飞船飞向行星际（如火星）的动力，数个无人的加注燃料的飞行器可以单独起飞，为星舰在轨道上加注燃料。这些运载燃料的无人飞行器也可以做到回收复用。因此，这也是一个全部设施能够回收复用的技术方案。这个方案的缺点是，载人数量太多，一旦出现事故，损失和影响太大。

在载人天地往返飞船方面，目前技术已经成熟的由政府研发的6人乘组的载人天地往返飞船，在批量生产和复用之后，成本可能会进一步降低。由商业公司牵头研制的低成本返回舱，也在研发之中。这可以称为载人太空旅游的另一个选项。

低成本的进入太空的其他技术方案也在设计和试验中，比如采用甲烷作为燃料的发动机。因为甲烷成本低，易于贮藏和加注，燃烧和使用后无须清洗，尽管其比冲不如液氢和液氧发动机，但是其他方面的优势仍然驱动着很多商业公司在开展研究和试验，也许不久的未来就可以进入应用。总之，预计未来10年，载人天地往返每千克的成本一定可以降到1000美元以下，并将在太空旅游的滚动发展中继续下降。

二、月球与小天体资源就地利用

进入轨道以后的运输系统的燃料需求，就不应该再依靠从地球表面来运了，特别是对月球旅游来说，更是如此。飞行器总是要飞到月球去，并在月球轨道上停留，甚至降落到月面，因此，在月球上提取燃料就是绕不开的技术问题。可见，当务之急就是尽快实现从月壤中提取燃料并由机器人自动生产的技术突破。

如我们在第七章中所谈到的，从水冰中提取燃料固然容易，但是由于水冰在月面上并不是普遍存在，因此从月壤中提取燃料才更具有应用前景，可以将燃料提取和人类活动、太空旅游的选址结合起来。因此，在发展燃料提取基地的同时，可以将太空旅游的基础设施，如着陆与起飞场、通信测控等一并建立起来。

此外，飞往火星和进入太阳系深空其他目的地的太空旅游，也可以选择月球轨道或地月系统的拉格朗日L1点作为加注燃料的地点。因此，从月球上提取燃料并为飞往火星和太阳系深空的探测器加注也是一个非常迫切的需求。

可见，当务之急就是尽快突破燃料提取和生产技术，而对接和加注基本上都已经是非常成熟的技术了，无须等待就可以进入应用。

三、政府政策与法律支持

2020年7月23日，美国政府发布了题为"深空探索和开发新纪元"的蓝皮书，其中明确了将近地轨道空间站领域开放给商业航天企业。在此之前，他们也一直在大力支持各种商业航天企业发展低成本运载技术去承担政府运载项目。但是对商业航天开放近地轨道空间站，表明美国政府为近地轨道太空旅游的全商业航天市场进行了闭环管理。在此之前，近地轨道的太空旅游只能在国际空间站上进行。正如我们看到的，由于国际空间站的建造和维护完全是政府航天领域的业务，因此成本居高不下，一旦近地轨道太空站领域向商业航天企业开放，就一定会激励私营公司进入，并建造低成本的近地轨道太空旅馆。

相比美国的新航天政策，欧洲国家和中国在太空旅游方面行动较慢。中国自2016年以来开始逐渐向商业航天公司开放航天市场，允许他们承担政府航天任务。2019年5月30日，国家国防科技工业局、中央军委装备发展部发布了《关于促进商业运载火箭规范有序发展的通知》，从某种程度上正式表明了商业公司可以从事运载火箭的研制和生产业务。但是关于太空旅游，目前仍然处于缺乏政策指导的状态。

欧洲空间局虽然同属于政府航天机构，但是近年来也在大力支持商业航天产业和航天技术的产业化转移，并在2020年与卢森堡政府联合成立了欧洲空间资源创新中心（Europcan Space Resources Innovation Center，ESRIC）。

俄罗斯政府一直通过政府航天机构支持太空旅游发展，但是其目标是利用"联盟号"载人天地往返飞船和国际空间站来盈利，并没有明确的关于进一步降低成本、扩大市场需求的努力。

关于太空资源的归属问题，是否能够自由开发并销售，也已经成为联合国和平利用外层空间委员会（United Nations Office for Outer Space Affairs，UNOOSA）的讨论议题。基于1967年1月27日联合国大会通过的《外太空公约》，任何外太空资源均属于全人类，其隐含的是不允许任何国家和个人将其占为私有。但是这个公约只规定了原则，并没有详细和具体的内容。比如，商业公司是否可以从月壤中提取燃料，并在外太空给用户加注获取利润？在这方面，美国政府跳过联合国《外太空公约》，于2016年由国会制定了激励太空资源利用的法规，申明只要是自行投入开发的外太空产品，就可以销售并取得利润。这个政策极大地激励了商业航天企业进入这个市场。

无论是联合国的公约还是各国政府的法规，最高原则和主要目的都应该是有利于保护太空环境和资源，有利于加速人类进入太空的步伐。只要是在这个动机和最高原则的指导下，即使联合国还没有达成共识并产生新的公约，各国政府启动自己的政策和法律机制，捷足先登，也是正当的和可以理解的。因为人类制定政策和法律保护太空资源不被侵占，最主要的目的还是更好地开发和维护公平。但是如果这些政策和法规阻碍了人类进入太空的步伐，延缓和阻碍了经济的发展，甚至成为人类进步的障碍，就必须将它们搁置直至最终废弃。

除了有关太空资源所有权的法律问题以外，对于太空旅游，还有一个人员管理的问题，即进入太空以后，人与人之间的关系是怎样的？谁来维护秩序和执行哪个国家的法律？比如在某个国家一个公司的飞船内，应该执行哪里的法律呢？又比如在太空旅馆或月球旅店中，如果发生了治安或刑事案件，应该由谁来执法和执行什么法律呢？在游客大规模进入太空之前，这些国际太空法律的制定必须走在前面，否则就会引起无休止的国际法律纠纷。

从商业航天企业的角度来讲，他们非常希望得到政府政策上的支持，以及各方面法律的保障。这不但可以激励和保护投资方的利益，增强他们的信心，还可以为从事太空旅游的商业航天企业规划发展方向，规范其行为，保护未来的旅游者，即消费者的利益。然而，目前除美国政府有明确的政策以外，其他航天大国的政府还没有开展这方面的政策和法律法规研究。这无疑将拖延太空旅游的发展步伐，甚至延缓人类作为太阳系的物种从二维的地球表面向第三维度的太空进军的进程。

四、科普与教育

与政府政策和法律同样重要的，是科普与教育。20世纪60年代，美国在透明与开放的科学传播政策支持下，通过"阿波罗计划"教育和影响了不止一代人，其结果是使得美国人最富有对太空的开拓精神。这不能不说是"阿波罗计划"带来的影响。比如"阿波罗8号"在第一次绕月飞行时拍摄了那张著名的"地出"照片，当时就轰动了整个西方世界，这个事件成为太空带给人类的第二次启示，可见科普和教育的作用是非常巨大的。人类未来要走出地球摇篮，市场经济和技术发展固然重要，但没有科普和教育对人的培养也是不可能的。因为具有好奇心和探险精神的人，特别是社会精英，才是潜在的太空旅游者，甚至就是未来的新人类。

在所有形式的科普和教育中，科幻是一种激发人类想象力和好奇心的重要形式。20世纪60年代，美国科幻作家亚瑟·克拉克（Arthur Clarke）具有划时代意义的科幻小说《2001太空漫步》（*2001：A Space Odyssey*）几乎是和"阿波罗计划"同步产生的，甚至在"阿波罗11号"登月之前，电影《2001太空漫步》就已经上映了。这种符合科学原理、充满新技术幻想的硬核科幻作品，在培养有志于太空探索的新一代青年方面可以发挥重要的甚至是不可替代的作用。在真正的太空旅游还没有到来之前，大力鼓励创作、出版以人类开发和进入太空为主题的科普作品与硬核科幻作品，也是迫在眉睫的工作之一。

参 考 文 献

弗洛里安·M. 内贝尔. 2020. 月球移民指南. 赖可译. 北京：机械工业出版社.

中国宇航学会. 2020. 2049年中国科技与社会愿景：航天科技与中国天梦. 北京：
中国科学技术出版社.

Buckminster R F. 2019. Operating Manual for Spaceship Earth. Zurich：Lars Muller
Publishers.

Christopher W. 2020. Spacefarers：How Humans Will Settle the Moon，Mars，and
Beyond. Cambridge：Harvard University Press.

Huntress W，Stetson D，Farquhar R，et al. 2006. The next steps in exploring deep
space：A cosmic study by the IAA. Acta Astronautica，58（6-7）：304-377.

Lyle S. 2010. Space Tourism：A Look at The Feasibility and Presence in Popular
Culture. Edited from Wikipedia Articles up to 2010.

Michel van P. 2005. Space Tourism：Adventures in Earth Orbit and Beyond. New
York：Praxis Publishing Ltd.

Robert P. 2008. Earthrise：How Man First Saw the Earth. New Haven：Yale University
Press.